Kapazitätsschonender Gleisumbau

E-Book inside

Registrieren Sie sich unter:
https://www.pmcmedia.com/e-book-download
und nutzen Sie dieses Werk gratis als E-Book.

Der Download-Code für dieses Buch ist: **KKCW86**

Axel-Björn Hüper | Hannes Tesch | Achim Uhlenhut

Kapazitätsschonender Gleisumbau

Entscheidungswege zum wirtschaftlichen, umweltverträglichen und kundenfreundlichen Bahnbau

Bibliografische Information der Deutschen Nationalbibliothek:
Die Deutsche Nationalbibliothek verzeichnet diese Publikation in der Deutschen Nationalbibliografie; detaillierte bibliografische Daten sind im Internet über http://dnb.de abrufbar.

Verlag:	GRT Global Rail Academy and Media GmbH Werkstättenstraße 18 D-51379 Leverkusen
Office Hamburg:	Frankenstraße 29, D-20097 Hamburg Tel.: +49 (0) 40 228679 506 Fax: +49 (0) 40 228679 503 Web: www.pmcmedia.com; E-Mail: office@pmcmedia.com
Geschäftsführer/ Publisher:	Detlev K. Suchanek
Redaktionsleitung:	Dr. Bettina Guiot
Vertrieb und Buchservice:	Sabine Braun
Satz und Druck:	TZ-Verlag & Print GmbH, Roßdorf

1. Auflage 2022

ISBN 978-3-96245-251-3

Vorwort DB Netz AG

Ein leistungsfähiges Schienennetz mit hoher Anlagenqualität erfordert eine kontinuierliche Erneuerung der Infrastruktur mit dem Ziel, Einschränkungen durch Bauen für unsere Kunden so gut wie möglich zu reduzieren. Dieses Abstract unterstützt die Weiterentwicklung des Baustellenmanagements und leistet somit einen Beitrag für kapazitätsoptimiertes und kundenverträgliches Bauen.

Die Starke Schiene formuliert in Übereinstimmung mit den gesellschaftlichen und politischen Erwartungen ein klares Wachstumsziel. Konkret erfordern die wachsenden Verkehrsmengen in allen Segmenten perspektivisch (bis 2040) eine Steigerung der Trassenkapazität um mindestens 30 Prozent[1]. Nur dadurch sind die Ziele wie eine Verdopplung der Reisenden im Fernverkehr, eine Milliarde zusätzlicher Fahrgäste im Nahverkehr oder ein Marktanteil der Schiene im Güterverkehr von 25 Prozent erreichbar[2]. Um diese angestrebte Verkehrsverlagerung auf die Schiene zu gewährleisten, sind auf Seiten der Eisenbahninfrastruktur sowohl eine deutlich gesteigerte Verkehrsleistung in hoher Betriebsqualität („mehr Fahren") als auch die Steigerung der Infrastrukturkapazität durch Ausbau, Modernisierung und Digitalisierung („mehr Bauen") von zentraler Bedeutung.

Die Herausforderungen liegen deshalb nicht nur darin, den Einschränkungen der Kapazität vorzubeugen. Vielmehr muss darüber hinaus der Zielkonflikt von Fahren und Bauen streckenspezifisch transparent gemacht und durch ein optimiertes Kapazitätsmanagement strukturell reduziert werden. Denn auch wenn Arbeiten im Gleis weiterhin den Eisenbahnverkehr beeinträchtigen werden, sollten diese Einschränkungen neben einer intensiven und termintreuen Projektabwicklung durch einen Kapazitätsschonenden Gleisumbau weiter minimiert werden.

Im Rahmen der Zukunftsinitiative Bahnbau (ZIB) haben sich die Eisenbahninfrastrukturunternehmen der Deutschen Bahn mit der Bauwirtschaft gemeinsam das Ziel gesetzt, dass Einschränkungen der Kapazität durch eine deutliche Steigerung der Baudichte in Sperrzeiten (Baueffizienz) weitgehend minimiert werden. Hierzu sollen einerseits die Geschwindigkeit des Bauens erhöht werden (maximale Menge je Bautakt) und andererseits Baumaßnahmen zeitlich und gewerkeübergreifend auf verkehrlich zusammenhängenden Abschnitten (Baukorridoren) gebündelt werden. Um dies zu erreichen, wurden in der ZIB konkrete Maßnahmen entwickelt, welche dieses Ziel unterstützen. Unter anderem wird in diesem Abstract auf die Entscheidermatrix Gleisumbau eingegangen, welche einen Entscheidungsweg unter Berücksichtigung von wirtschaftlichen, umweltfreundlichen sowie kundenfreundlichen Kriterien aufzeigt. Auch mit der Aufnahme der Schotteraufbereitung in das Regelwerk der DB Netz AG wurde eine Rahmenbedingung für eine Alternative zur vollständigen Bettungserneuerung geschaffen. Darüber hinaus werden noch viele weitere Maßnahmen aufgezeigt, die das Fundament für einen kapazitätsschonenden Gleisumbau bilden und wodurch dieses Abstract auch einen Beitrag für die Starke Schiene und die Kapazität und Pünktlichkeit der Eisenbahn leistet.

Dr. Volker Hentschel
Vorstand Anlagen- und Instandhaltungsmanagement DB Netz AG
Frankfurt am Main

1 Dachstrategie DB: Starke Schiene, Stand 25.06.2021
2 dto.

Vorwort BVMB

Den Titel dieser Veröffentlichung „Kapazitätsschonender Gleisumbau“ könnte man im deutschen Sprachgebrauch als Oxymoron – eine Formulierung aus zwei einander widersprechenden Begriffen – bezeichnen. Gleisumbau betreiben und gleichzeitig die Netzkapazität schonen, geht das überhaupt? Oder ist das die berühmte Quadratur des Kreises? Eines lässt sich mit Sicherheit sagen: Die Beantwortung dieser Frage wird entscheidend sein für die Zukunft des Verkehrsträgers Schiene.

Der grundlegende Zielkonflikt auf der Schiene ist nämlich seit jeher „Fahren“ versus „Bauen“. Das ist zwar eine grobe Vereinfachung, zeigt jedoch den Kern des Problems auf: Wo gerade gebaut wird, dort kann nicht oder nur eingeschränkt gefahren werden – und das gilt auch umgekehrt. Dieser Zielkonflikt, den es im Grunde schon immer gab, wird in der Gegenwart verstärkt durch zwei Effekte.

Erstens: Zur Bekämpfung der Klimakrise ist es notwendig, dass viel mehr Menschen anstelle von Auto oder Flugzeug das CO_2-arme Verkehrsmittel Zug nutzen und dass auch viel mehr Güter auf der Schiene statt auf der Straße transportiert werden. Daraus lässt sich ableiten, dass zukünftig erheblich mehr Züge öfter über das Gleis rollen werden.

Zweitens wird der Zielkonflikt dadurch befeuert, dass das deutsche Schienennetz einen sehr hohen Bedarf an Instandhaltungs- und Ersatzneubaumaßnahmen aufweist. Hinzu kommt, dass es zur Bewältigung des gesteigerten Zugaufkommens (siehe erstens) nicht damit getan ist, das bestehende Schienennetz nur zu ertüchtigen, sondern die Netzkapazitäten erheblich auszubauen. Dies geschieht vor allem durch bauliche Maßnahmen, aber auch durch Digitalisierung des Schienenverkehrs.

Es besteht kein Zweifel: Die meisten Baustellen im Schienennetz der Deutschen Bahn kosten zeitweise Netzkapazität, die für die Dauer der Baustelle nicht zum Fahren genutzt werden kann. Das liegt in der Natur der Sache. Gleichzeitig wird durch erfolgreiche Baumaßnahmen nicht nutzbare Netzkapazität wiederhergestellt oder zusätzliche Netzkapazität geschaffen. Somit ist das Bauen nicht das Problem, sondern die Lösung, um die Netzkapazität zu steigern.

Vor dem Hintergrund der Herausforderungen für den Verkehrsträger Schiene liegt beim Bauen ein besonderer Fokus darauf, Baustellen so zu planen und durchzuführen, dass der Bahnbetrieb möglichst wenig beeinträchtigt wird. Das Baustellenmanagement wird also eine entscheidende Rolle einnehmen. Im Bereich des Oberbaus ist vor allem die kluge Auswahl des richtigen Umbauverfahrens ein dafür wichtiger Baustein. Die in dieser Veröffentlichung vorgestellte Entscheidungsmatrix Gleisumbau bietet hierfür eine hervorragende fachliche Grundlage und trägt dazu bei, Gleisumbau so kapazitätsschonend wie möglich zu gestalten.

Diese Maßnahme greift mit zahlreichen weiteren Maßnahmen ineinander, die allesamt darauf abzielen, die Verfügbarkeit des Fahrwegs trotz Baumaßnahmen hochzuhalten. Dazu gehören auch die Förderung von Innovationen wie etwa Schnellbausysteme für Brücken oder die vereinfachte Zulassung innovativer Bahnbaumaschinen, um nur zwei von vielen Beispielen zu nennen. Hierdurch wird die Produktivität gesteigert und es werden Effizienzgewinne erzielt. Für die Netzkapazität bedeutet das, dass Einschränkungen durch Baumaßnahmen ganz einfach weniger lange dauern. Es kann mehr gefahren werden. Außerdem können die Bauarbeiten in Randzeiten reduziert werden, beispielsweise nachts und am Wochenende, die die Attraktivität der Bahnbauberufe empfindlich belasten.

Die deutsche Bauwirtschaft ist mehr als bereit dazu, den Neu- und Ausbau des deutschen Schienennetzes – auch kapazitätsschonend – zu gestalten. Wie ein erfolgreicher Ansatz, kapazitätsschonender zu bauen, partnerschaftlich zwischen Deutscher Bahn AG und deutscher Bauwirtschaft entwickelt werden kann und warum sich „kapazitätsschonend" und „Gleisumbau" keineswegs widersprechen müssen, können Sie auf den folgenden Seiten nachlesen.

Ich wünsche Ihnen viel Freude bei der Lektüre!

Diplom-Betriebswirt Michael Gilka
Hauptgeschäftsführer der Bundesvereinigung
Mittelständischer Bauunternehmen e. V. (BVMB)
Bonn

Dieses ABSTRACT bietet:

- Grundlagen zum kapazitätsschonenden Gleisumbau
- eine Übersicht über konventionelle und maschinelle Bauverfahren
- Hinweise zur sachgerechten Baubedarfsplanung
- Erläuterungen, wann welches Bauverfahren sinnvoll ist
- eine genaue Betrachtung der einzelnen Entscheidungskriterien
- Angaben zu Akteuren und Abläufen rund um den Gleisumbau

Resümee

Instandhaltung und Sanierung sind stets präsente Themen der Eisenbahn-Infrastruktur. Gleisumbau, also die Erneuerung von Schwellen, Schienen und Schotter oder eine Bettungsreinigung, sollte möglichst kapazitätsschonend durchgeführt werden. Das bedeutet, dass die Auswirkungen der Bautätigkeit auf den Bahnbetrieb und damit auf die Nutzer der Infrastruktur und deren Kunden so gering wie nur möglich gehalten werden sollen, ohne Wirtschaftlichkeit und Umweltschutzbelange zu vernachlässigen. Um dieses Ziel zu erreichen, gilt es, das jeweils bestgeeignete Bauverfahren auszuwählen: Soll konventionell mit Zweiwegebagger und Erdbaufahrzeugen oder maschinell mit gleisgebundenem Umbauzug, sogenannter Großmaschinentechnik, gearbeitet werden?

Die Technologierahmenbedingungen beider Verfahren zu kennen und für die anstehende Baustelle richtig einzuschätzen, ist eine verantwortungsvolle Aufgabe für operativ Beteiligte – in Projektleitung, Finanzierung, Planung und Bauausführung. Bei der sorgfältigen Abwägung hilft eine von Bauwirtschaft, namentlich der Bundesvereinigung Mittelständischer Bauunternehmen e. V., und der DB Netz AG gemeinsam entwickelte Entscheidungsmatrix. Sie nennt in vier Gruppen insgesamt 21 Aspekte, die es genauer zu betrachten gilt. Die vier Kriteriengruppen sind örtliche Gegebenheiten, Wirtschaftlichkeit, Umwelt und Sicherheit. Die zugeordneten Entscheidungskriterien berücksichtigen Baulänge, Gleisabstand und Baustellenzugang ebenso wie – unter anderem – Umfeld- und Umweltbelastung, Baustellensicherung oder Arbeitsschutz.

Das ABSTRACT gibt leicht verständlich einen umfassenden Überblick zu den grundlegenden Entscheidungskriterien für Kapazitätsschonenden Gleisumbau. Die Matrix hilft, das passende Verfahren unter Beachtung aller Abhängigkeiten in Theorie und Praxis zu finden. Obwohl es kein Rezept für die definitive Entscheidung bei der Verfahrensauswahl geben kann, ist es sehr sinnvoll, die Umstände und Hintergründe bestmöglich zu kennen und die Einflussfaktoren gewichten zu können. Leicht verständlich führt die Schrift in das komplexe Thema ein, vertieft die Entscheidungskriterien und nennt auch Randaspekte.

Inhalt

Vorwort DB Netz AG 5

Vorwort BVMB 7

Resümee 9

Einführung 15

Zitat 17

1 Kapazitätsschonender Gleisumbau und Baubedarfsplanung 19

1.1 Kapazitätsschonendes Bauen 19

1.2 Kooperation von Bahn und Bauwirtschaft 21

1.3 Fahren und Bauen 22

1.4 Beachtung der Technologierahmenbedingungen 23

1.5 Technologierahmenbedingungen im Oberbau – etwas Vorgeschichte 24

2 Leitfaden, Studie und Richtlinien 27

2.1 Anlass und Auslöser 27

2.2 Der „Leitfaden Investitionsplanungsprozess Oberbau“ der DB Netz AG 28

2.3 Die vergleichende Studie 29

2.4 Entscheidungsfindung aus Sicht der mittelständischen Bauunternehmen 30

2.5 Internationale Perspektive 31

3 Zur Wahl des Umbauverfahrens 33

3.1 Konventioneller und maschineller Gleisumbau 33

3.1.1 Konventioneller Gleisumbau kompakt 35

3.1.2 Maschineller Gleisumbau kompakt 37

3.2 Beispiele für Großmaschinentechnik 39

3.2.1 Reinigungsmaschine (RM, URM, ZRM) 40

3.2.2 Planumsverbesserungsmaschine (AHM, PM, RPM) 41

3.2.3 Umbaumaschine (UM, SMD, SUM, SUZ) 42

3.2.4 Reinigungs- und Umbaumaschine (RU) 44

3.3 Großmaschinentechnik im Einsatz 45

3.4 Beispiel: Sanierung von Schnellfahrstrecken mit Großmaschineneinsatz 46

3.5 Zur Entscheidungsfindung zwischen konventionellem und maschinellem Gleisumbau 50

3.6 Die Entscheidungsmatrix (Zukunftsinitiative Bahnbau) 51

3.7 Darstellung im Leitfaden der DB AG/DB Netz AG 53

4 Argumente pro Großmaschineneinsatz 55

4.1 Gesteigerter Kundennutzen 55

4.2 Verminderte Klimawirksamkeit 58

4.3 Zeitbedarf 59

4.4 Mitarbeiterzufriedenheit und Kundenakzeptanz 60

4.5 Zusammenfassung und nächste Schritte 61

5 Entscheidungen in der Projektphase 63

5.1 ... aus Sicht des Infrastrukturbetreibers und die Bauarbeiten Ausschreibenden 63

5.2 ... aus Sicht des Instandhalters und sich um die Ausführung Bewerbenden ... 64

5.3 ... aus Sicht der mittelständischen Bauwirtschaft 64

6 Eingangsgrößen der Verfahrensauswahl 67

6.1 Drei Kriteriengruppen 67

6.2 Die vier Kriteriengruppen der Matrix 68

7 Entscheidungskriterium: Örtliche Gegebenheiten 69

7.1 Ein- oder mehrgleisiger Streckenabschnitt 69

7.2 Witterungsunabhängiger Einbau 70

7.3 Baustellenzugang leicht/schwierig 71

7.4 Bahnhofsgleise und Hindernisse 71

7.5 Gleisabstand kleiner oder größer-gleich 3,6 m 72

7.6 Umbaulänge kleiner oder größer-gleich 1000 m 72

8 Entscheidungskriterium: Wirtschaftlichkeit 73

8.1 Umbaulänge kleiner oder größer-gleich 1000 m 73
8.1.1 Richtwert 1000 m 73
8.1.2 Gibt es einen Break-Even-Point? 74
8.2 Materiallogistik für Ver- und Entsorgung 74
8.3 Sperrpausenrestriktionen und Sperrpausenoptimierung 76
8.4 Personelle Ressourcen des Auftraggebers 76
8.5 Ausführungsqualität und materialschonendes Handling 77
8.6 Betrieb im Nachbargleis 78
8.7 Nachhaltiges Materialmanagement 78
8.8 Gleisgebundene Bettungsaufbereitung (BA) 80

9 Entscheidungskriterium: Umwelt 81

9.1 Nachhaltiges Materialmanagement 82
9.2 Reduzierung der Umfeldbelastung in Wohngebieten 82
9.3 Reduzierung der Umweltbelastung 84
9.4 Reduzierung der Belastungsdauer 84

10 Entscheidungskriterium: Sicherheit 85

10.1 Baustellensicherung 85
10.2 Arbeitnehmerschutz 86

11 Weitere Entscheidungskriterien 89

11.1 Umleitungsverkehre 89
11.2 Fahrzeugverfügbarkeit und -disposition 89
11.3 Störung durch und Folgen von Maschinenausfall 90
11.4 Antriebstechnologie 90
11.5 Weitere Kosten 92
11.5.1 Logistik und Waggongestellung 92
11.5.2 Material 93
11.5.3 Lagerplätze 93
11.5.4 Sonstige Kosten 93

12 Ausblick 95

12.1 Digitale Erfassung von Streckendaten 95

12.2 DIANA 96

12.3 Prädiktive Instandhaltung und Kapazitätsschonendes Bauen 97

13 Schlussbetrachtung 99

ANHANG – Exkurse E1 bis E12 101

E1 ZIB – Zukunftsinitiative Bahnbau 101

E2 Starke Schiene Deutschland 101

E3 LuFV I bis III – die Leistungs- und Finanzierungsvereinbarungen 102

E4 Digitale Schiene Deutschland 103

E5 „Fahren und Bauen“: PRO2020 104

E6 DiVA-Großbaustellenplanung 104

E7 DB Netz AG 105

E8 BVMB – Bundesvereinigung Mittelständischer Bauunternehmen e. V. 105

E9 Das Projekt I.NXV der DB Netz AG 106

E10 Starkes Netz 106

E11 Die Messwagen „EM100VT“ und „EM120VT“ 107

E12 Digital Twin und Laserscan als Planungshilfe 108

Autoren 109

Inserentenverzeichnis 110

Einführung

Die Eisenbahnen stehen vor einer großen Veränderung ihrer Bedeutung für die Menschen, für das Gemeinwesen, für die Wirtschaft, aber ganz besonders für die Zukunft: Vor dem Hintergrund des Klimawandels wird die Bahn erheblich größere Anteile des Personenverkehrs und der Güterströme übernehmen.

Im Vergleich zu 2015 sollen die Reisendenzahlen im deutschen Eisenbahnverkehr kräftig wachsen. Laut Dachstrategie „Starke Schiene" der Deutschen Bahn AG soll 2040 die Verkehrsleistung im Fernverkehr um 101 % steigen – sich mit dann 260 Mio. Reisenden/Jahr mehr als verdoppeln – und im Nahverkehr um 46 % auf dann rund eine Milliarde Fahrgäste jährlich. Parallel soll die Verkehrsleistung im Schienengüterverkehr um 70 % zunehmen. Erforderlich ist dafür eine Kapazitätssteigerung im aktuell rund 33.000 Streckenkilometer umfassenden DB-Schienennetz um rund 30 %.

Das alles bedeutet unter anderem mehr Züge, dichtere Takte und insgesamt zunehmende Belastung der vorhandenen und zu erweiternden Infrastruktur. Die Folge: Es ist deutlich mehr zu bauen als bislang – schon jetzt. Unausweichlich verschärft das aber den bereits jetzt viel diskutierten Zielkonflikt von „Fahren" und „Bauen". Jede Baustelle bedeutet Einschränkungen der Leistungsfähigkeit des Systems Bahn, der Kapazität der betroffenen Strecke und weiterer Teile des Netzes. Somit gilt es, Bauvorhaben nicht nur wie gewohnt fachgerecht und sorgfältig, sondern auch möglichst kapazitätsschonend zu planen und abzuwickeln.

Kapazitätsschonender Gleisumbau – den Anstoß für diese Publikation zu einem Thema wachsender Bedeutung gab in den Jahren 2013/14 eine Gesprächsrunde von „Bahn" und „Bau". Der Vorstand der DB Netz AG und Vertreter der Bundesvereinigung Mittelständischer Bauunternehmen e. V. (BVMB) sprachen mehrfach über Einsatzperspektiven für Großmaschinentechnik im Gleisbau. In diesem Zusammenhang entstand eine Dokumentation zu „Technologierahmenbedingungen im Oberbau". Eine weitere Folge war die Bildung des Expertenkreises Fahrbahn. Er entwickelte nachfolgend eine Entscheidungsmatrix zu Gleisumbauverfahren. Sie nennt praxisorientierte Kriterien für die Abwägung zwischen konventionellem und maschinellem Gleisumbau. Finalisiert wurde die Matrix im Rahmen der „Zukunftsinitiative Bahnbau" (ZIB) und floss letztlich in den ab 2022 geltenden neuen „Leitfaden Investitionsplanungsprozess Oberbau" der DB Netz AG ein.

Die Entscheidungsmatrix Gleisumbau stützt die Ziele einer spürbaren Erhöhung der Fahrwegverfügbarkeit und einer besseren Nutzung der Ressourcen – Mensch, Maschine und Material – unter Reduzierung negativer Auswirkungen auf die Umwelt. Doch es gibt weitere Aspekte: Die Kapazitätsschonung auf Seiten des Auftraggebers verringert Projektkosten, wodurch mit dem knapp bemessenen Budget mehr Bau-Menge realisiert werden kann. Auch der Auftragnehmer wird seine Ressourcen besser ausschöpfen können. Zusammen leisten beide einen Beitrag zur Qualitätsverbesserung der Infrastruktur, zu mehr Umweltschutz und zur Einhaltung des Leistungsversprechens gegenüber den Nutzern. Sorgfältige Planung, Ausschreibung und Realisierung tragen so zu mehr Kapazität und Pünktlichkeit im Schienennetz der DB AG bei.

Hannes Tesch
DB Netz AG
Frankfurt am Main

Axel-Björn Hüper
Infra Bauberatung
Berlin

Zitat

(Foto: DB AG/Pablo Castagnola)

Dr. Richard Lutz, Vorstandsvorsitzender der Deutsche Bahn AG, Bilanzpressekonferenz am 31. März 2022 anlässlich der Vorstellung des Integrierten Berichts der DB AG für 2021:

„2021 hat uns gezeigt, dass die Nachfrage stärker gewachsen ist als die Kapazität unserer Infrastruktur. Für mehr Kapazität ist aber zunächst mehr Bauen erforderlich. Das eine geht nicht ohne das andere. Deshalb investieren wir weiter auf Rekordniveau in unser Netz. Das ist das Fundament der Verkehrswende. Wir müssen mehr bauen für mehr Schienenverkehr – für mehr Klimaschutz.

Wachsen auf knapper und weitgehend konstanter Kapazität erzeugt Wachstumsschmerzen, die sich auf Qualität und Pünktlichkeit auswirken. Wir arbeiten mit Hochdruck daran, den Spagat zwischen Fahren und Bauen zu bewältigen. Denn wir müssen ein Vielfaches der heutigen Bau- und Instandhaltungsmengen ins Gleis bringen.

Dieses Spannungsfeld wird uns auch in den kommenden Jahren begleiten. Die größte Herausforderung wird es sein, die wachsende Nachfrage zu bedienen und gleichzeitig auf gute Qualität und Stabilität des Betriebs zu achten.

Deshalb wollen wir – neben einem stabilen Tagesgeschäft – kapazitätsschonender bauen, mehr kleine und mittlere Maßnahmen für schnelle Kapazitätserweiterung auf den Weg bringen und die Verkehre mit digitaler Intelligenz besser lenken. Schrittweise und langfristig werden die Bedarfsplanmaßnahmen und die Digitale Schiene auf den Zielfahrplan für den Deutschlandtakt einzahlen."

1 Kapazitätsschonender Gleisumbau und Baubedarfsplanung

– Technologierahmenbedingungen im Oberbau

Immer öfter ist an ganz unterschiedlichen Stellen von „Kapazitätsschonendem Bauen“ oder „Kapazitätsschonendem Gleisumbau“ zu lesen und zu hören. Im Jahresbericht der Deutschen Bahn AG ebenso wie beim Baugewerbe, in Studien ebenso wie in Fachvorträgen und Veröffentlichungen. Dies ist jedoch nicht einer der vielen schönen, aber durchaus manchmal etwas inhaltsarmen Kunstbegriffe, die das Bahnwesen und die mit ihm Befassten gelegentlich hervorbringen. Kapazitätsschonendes Bauen als Oberbegriff für neue Ansätze in der Instandhaltung der linearen Bahn-Infrastruktur, der Strecke, kann wörtlich genommen werden und bedarf doch der Entschlüsselung. Ähnlich verhält es sich mit den „Technologierahmenbedingungen im Oberbau“. Beides ergänzt sich zu einer nachhaltigen, neuen Dimension rund um die Instandhaltung der Eisenbahn-Infrastruktur, die erklärtermaßen auch die Nutzer- und Kundenanliegen einbezieht. Die Deutsche Bahn AG vollzieht im Bahnbau einen Paradigmenwechsel. Der Kapazitätsausbau der Infrastruktur ist Kernelement der neuen Unternehmensstrategie[1]. Aber dieser Ausbau soll den Betrieb möglichst wenig behindern, „Fahren und Bauen“ kein Widerspruch sein.

1.1 Kapazitätsschonendes Bauen

Kapazitätsschonendes Bauen soll die Auswirkungen der Bautätigkeit auf den Bahnbetrieb und damit auf die Nutzer der Infrastruktur und deren Kunden verringern. Beispielsweise können zusätzliche Weichen und der Einsatz von Hilfsbrücken dafür sorgen, dass auch bei Bauarbeiten der Zugverkehr weiter rollen kann. Auch kürzere Bauzeiten sind eine wirksame Maßnahme. Dies wird umso wichtiger, je mehr Baustellen es im Netz gibt. Für den Interessenverband mofair e.V. (Bündnis für fairen Wettbewerb im Schienenpersonenverkehr) ist „Kapazitätsschonendes Bauen Teil der Daseinsvorsorge“. Kapazitäts- sei auch fahrgastschonendes Bauen[2]. Der Zentralverband Deutsches Baugewerbe (ZDB) erinnert daran, dass es aber nicht nur um Kapazitätsschonendes Bauen gehen dürfe, „sondern auch die Arbeitszeiten und auf die Belastbarkeit von Mitarbeitern in der Bauwirtschaft Rücksicht zu nehmen“[3] sei.

Mit der Entscheidung, das Netz mit Nachdruck zu ertüchtigen, bekommt Kapazitätsschonendes Bauen vor dem Hintergrund der erforderlichen Verkehrswende auch eine politische Dimension. Die Deutsche Bahn und Verbände der Bauwirtschaft, der Bahnindustrie und beratender Ingenieure diskutierten auf der Tagung der „Zukunftsinitiative Bahnbau“ (**ZIB ▶** Anhang – E1) am 8. Juni 2022 Beiträge und Prämissen für ein Gelingen der Verkehrswende in Deutschland. Unter den fünf Kernpunkten, die für eine erfolgreiche Umsetzung der Verkehrswende für zwingend notwendig erachtet werden, findet sich auch Kapazitätsschonendes Bauen: [...] „2. Alle Partner bekennen sich zum kapazitätsschonenden Bauen und wollen ihren Beitrag leisten. Gemeinsam mit der Politik werden wir alle Möglichkeiten nutzen, um einen an-

1 Gemeinsame Erklärung von DB und Unternehmen der Bauwirtschaft zur vertrauensvollen Zusammenarbeit, Finale Fassung vom 05.10.2021; aufgerufen unter https://www.deutschebahn.com/resource/blob/6972234/375a-8ca9d4ad59a9e11955054c0b6e13/20211126_PI_DB_Bauverbaende-data.pdf, zuletzt aufgerufen am 04.07.2022

2 Presseinformation mofair e.V.: Kapazitätsschonendes Bauen Teil der Daseinsvorsorge, 27.06.2017; aufgerufen unter https://mofair.de/pressemitteilungen/news/?posttype=post&swpquery=kapazit%C3%A4tsschonendes#kapazitaets-schonendes-bauen-teil-der-daseinsvorsorge/; zuletzt aufgerufen am 04.07.2022

3 Zentralverband Deutsches Baugewerbe e.V., „Baustein“ 51: Bauen für die Deutsche Bahn AG, Oktober 2019; aufgerufen unter https://www.zdb.de/publikationen/baustein/zdb-baustein-51/2019-bauen-fuer-die-deutsche-bahn-ag; zuletzt aufgerufen am 04.07.2022

gemessenen Ausgleich zwischen kapazitätsschonendem Bauen und den Belastungen durch Arbeiten zu ungünstigen Zeiten (Nacht-, Feiertags- bzw. Wochenendzeiten) zu finden und so die Attraktivität der Arbeitsplätze zu sichern und zu steigern, um dem Fachkräftemangel entgegenzuwirken."

Ferner heißt es, die Verkehrssteigerung resultierend aus Klimaschutz und Anstrengungen zur (**„Starken Schiene"** ▶ Anhang – E2) werde bereits heute hoch ausgelastete Strecken noch stärker beanspruchen: „Aus Sicht der Partner bedarf es für eine nachhaltige, kapazitätsorientierte Infrastrukturentwicklung und -umsetzung einer klaren Unterstützung seitens der Politik. Die Partner begrüßen daher ausdrücklich die angekündigte, schnelle Generalerneuerung des hoch ausgelasteten Netzes und werden dieses Ziel mit allen Kräften unterstützen."[4]

Verbunden mit dem Kapazitätsschonenden Bauen sind, kurz gesagt, frühzeitige Entscheidungen im Zuge der Baubedarfsplanung, welche Bauverfahren beim Gleisumbau, also beim Bauen im Bestand, bei der Erneuerung von Schienen, Schwellen, Schotter oder Weichen, in Anhängigkeit von bestimmten Einflussgrößen ohne Qualitätseinbußen idealerweise auszuwählen sind. Die Grundsatzentscheidung dabei ist zwischen konventionellen und maschinellen Bauverfahren zu treffen, zwischen dem Einsatz von Lastwagen und Bagger einerseits und Großmaschinentechnik wie Umbauzügen andererseits. Die praxisbezogene Basis der Abwägungen und Entscheidungen ist auch bekannt unter der etwas sperrigen Bezeichnung „Technologierahmenbedingungen im Oberbau".

Abb. 1.1: Lange im Vorfeld einer Baumaßnahme ist über das jeweils richtige Bauverfahren zu beraten.
(Foto: DB AG/Volker Emersleben)

Dieser Begriff betont mehr die Kriterien, die den Entscheidungen zugrunde zu legen sind und deren Grenzen. Ziel ist, mehr, wirtschaftlicher und schneller mit gesteigerter Qualität am Oberbau befahrener Strecken zu arbeiten, und das zugleich auch noch kundenfreundlich, betriebs- und umweltverträglich. Dieser Vielfalt ganz unterschiedlicher Vorgaben gilt es bestmöglich gerecht zu werden – und dafür frühzeitig im Bauplanungsprozess die richtigen Entscheidungen zu treffen. Nach der Vergabe ist es dafür definitiv zu spät.

---

4 Gemeinsame Erklärung mehrerer Verbände zur Kapazitätsorientierte Infrastrukturplanung und -realisierung zur Umsetzung der Verkehrswende, aufgerufen unter https://www.bvmb.de/images/pdf/Pressemitteilungen/2022-06-27_Gemeinsame_Erklaerung_DBNetz_Bauspitzenverbaende.pdf, zuletzt aufgerufen am 04.07.2022

Allein mit Kapazitätsmanagement und Kapazitätsschonendem Bauen sowie flankierenden Maßnahmen lässt sich nach Angaben der DB AG – ohne kompletten Neubau von Strecken – die Betriebsleistung im deutschen Eisenbahnnetz um jährlich 70 Mio. Trassenkilometer steigern, das entspricht einem Plus von mehr als 6 %. Unter Kapazitätsmanagement sind die Koordinierung der Kapazitätssteigerung, das Kapazitätsschonende Bauen an sich, die verkehrliche Optimierung und die Reduzierung der Störungen zu verstehen. In der dritten Leistungs- und Finanzierungsvereinbarung von 2020 zwischen Bund und DB AG (**LuFV III** ▶ Anhang – E3) ist erstmals ein Budget für Kapazitätsschonendes Bauen vorgesehen. So lassen sich künftig betriebliche Einschränkungen bei den die Strecken nutzenden Eisenbahnverkehrsunternehmen verringern.[5]

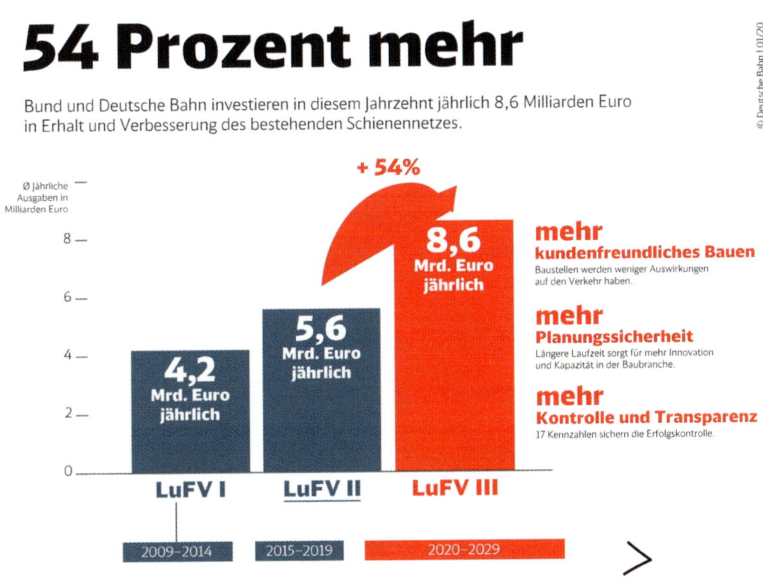

Abb. 1.2: Das jährlich verfügbare Finanzvolumen wuchs von LufV I bis LuFV III erheblich an. (DB AG/Infografik: Paula Klattenhoff)

1.2 Kooperation von Bahn und Bauwirtschaft

Mit der LuFV III stehen für die laufende Dekade so viele Finanzmittel wie nie zuvor für Arbeiten an der Bahninfrastruktur bereit. Rekordinvestitionen des Bundes und der DB in Höhe von mindestens 170 Milliarden Euro fließen bis 2030 in die Schieneninfrastruktur. Mit den Mitteln sollen das Bestandsnetz erneuert, Schienenwege neu- und ausgebaut sowie Etappen des Deutschlandtakts und die (**Digitale Schiene Deutschland** ▶ Anhang – E4) realisiert werden. Der Eisenbahn in Deutschland steht damit ein Jahrzehnt großer Veränderungen bevor. Am Netz wird so viel wie nie in den vergangenen Jahrzehnten gebaut, an vielen Stellen zugleich, im Rahmen zahlreicher kleiner und auch großer Projekte in allen Regionen. Um für ihre Kunden im Personen- und im Güterverkehr trotz des die nächsten Jahre prägenden hohen Bauvolumens ein qualitativ hochwertiges Angebot sicherstellen zu können, sollen Baumaßnahmen stärker und effizienter gebündelt werden. Kundenfreundliches und Kapazitätsschonendes Bauen steht da-

5 Deutsche Bahn AG: Integrierter Bericht 2021, Berlin, 2021 (S. 55)

bei erklärtermaßen ganz oben auf der Agenda. Dafür wird die Deutsche Bahn AG ihre Zusammenarbeit mit der Bauwirtschaft weiter intensivieren. Sie will ihre Bauarbeiten noch schneller und zuverlässiger umsetzen.[6] Die Vorarbeiten dafür begannen rechtzeitig: DB AG und Bahnbaubranche arbeiten gemeinsam daran, den anstehenden Herausforderungen im Spannungsfeld zwischen Fahren und Bauen besser zu begegnen. Im Oktober 2019 hieß es, „das deutsche Baugewerbe unterstützt die Deutsche Bahn AG bei ihrer neuen Konzernstrategie »Starke Schiene«, dem konsequenten Ausbau ihres Schienen- und Infrastrukturnetzes im Zeichen des Klimaschutzes."[7]

Im November 2021 gab die Deutsche Bahn AG in einer gemeinsamen Erklärung mit Verbänden der Bauwirtschaft[8] bekannt, dass es zu einer „engen Zusammenarbeit auf Augenhöhe" für einen effektiven Ausbau des Schienennetzes kommen werde, um eine erfolgreiche Umsetzung einer klimaorientierten Mobilitätswende und der einhergehenden Verlagerung von Verkehren auf die Schiene mitzugestalten. Die enge und umsetzungsorientierte Zusammenarbeit mit den Partnern in der Bauwirtschaft wird deutlich intensiviert. Die Erklärung verabschiedeten neben der DB AG die Bundesvereinigung Mittelständischer Bauunternehmen (BVMB), der Hauptverband der Deutschen Bauindustrie (HDB), der Zentralverband des Deutschen Baugewerbes (ZDB) und der Deutsche Verband für Lärmschutz an Verkehrswegen (DVLV). Ein zentrales Anliegen ist es, Infrastrukturprojekte effizienter und schneller umzusetzen und damit die Verkehrswende deutlich voranzutreiben.

1.3 Fahren und Bauen

Vor dem Hintergrund teilweise massiv gesteigerter Finanzzuflüsse für die Unterhaltung bestehender Verkehrs-Infrastruktur oder für Ersatz-Neubauten im deutschen Schienennetz kommt sorgfältiger Bauplanung und richtigem Einsatz nicht nur der finanziellen, sondern auch der maschinellen Ressourcen stark wachsende Bedeutung zu. Mehr Baustellen im Bestand haben aber auch zunehmende Erschwernisse zur Folge. Teil- und Vollsperrungen, Umleitungen und Zugausfälle passen jedoch weder zu wachsenden Nachfrage im Schienengüter- und -personenverkehr noch zur Verkehrswende. Züge, die nicht wie im Plan vorgesehen verkehren, verleiten nicht zum Umstieg, weder Frachten noch Familien.

(**„Fahren und Bauen"** ▶ Anhang – E5) ist nicht nur ein viel genutzter Begriff, es ist auch Versprechen und Verpflichtung zugleich. „Fahren und Bauen", mit möglichst wenig gegenseitiger Beeinflussung. „Fahren und Bauen" ist aber auch eine Kernkompetenz der Bauwirtschaft. Und die Synchronisation von „Fahren und Bauen" ist eine wiederkehrende Aufgabe zunehmender Bedeutung für die Infrastrukturbetreiber. Es gilt, mehr Baustellen und zugleich mehr Verkehr auf der Schiene miteinander zu vereinbaren. Mit bisherigen Planungsverfahren und -abläufen werden die mit den neuen Budgets möglichen Arbeiten jedoch nicht optimal abzuwickeln sein.

6 Presseinformation der Deutschen Bahn AG: 13,6 Milliarden Euro Rekordinvestition: DB macht Netz und Bahnhöfe fit für die Zukunft, 03.02.2022
7 Zentralverband Deutsches Baugewerbe e.V., „Baustein" 51: Bauen für die Deutsche Bahn AG, Oktober 2019; a.a.O.
8 Gemeinsame Erklärung von DB und Unternehmen der Bauwirtschaft zur vertrauensvollen Zusammenarbeit, Finale Fassung vom 05.10.2021; a.a.O.

Abb.1.3: Der konventionelle Gleisumbau kann angemessen sein, er wird aber oft nicht das richtige Verfahren sein. (Foto: Plasser & Theurer)

1.4 Beachtung der Technologierahmenbedingungen

Es braucht eine neue Herangehensweise, eben den prozessoptimierten Gleisumbau mit Beachtung seiner Technologierahmenbedingungen. Es ist das richtige Bauverfahren zu finden, die richtige Technologie, passend zu den gegebenen Rahmenbedingungen. Kern ist die Entscheidung zwischen konventionellen und maschinellen Umbauverfahren. Dafür wiederum sind frühzeitig im Planungsprozess vielerlei Kriterien zu betrachten, abzuwägen – und daraus die richtigen Schlüsse zu ziehen.

Diese Entscheidungsfindung und die Verfahrensauswahl treffen sich mit einer (**Baubedarfsplanung** ▶ Anhang – E6), die letztlich das Optimum in wirtschaftlicher, qualitativer, kundenfreundlicher, betriebs- und umweltverträglicher Hinsicht erzielen will. So lassen sich Bauabläufe und die durch das jeweilige Bauvorhaben samt gewähltem Bauverfahren induzierten Beeinträchtigungen möglichst gering halten. Nicht immer ist das schnellste Bauverfahren auch das bestgeeignete, nicht immer das günstigste auch das wirtschaftlichste und nicht immer das im Bauablauf optimierte auch das für den parallel weiterlaufenden Bahnbetrieb sinnvollste. Nach der sachlich richtigen Abwägung haben Infrastrukturbetreiber und Bauunternehmen verlässliche Werte an der Hand, um ihre jeweiligen Investitions- und Durchführungsentscheidungen zu treffen. Diese Schrift betrachtet Grundlagen und Bedingungen und nennt die Einflussfaktoren.

Das Vorgehen an sich ist nicht neu, aber es fasst in den vergangenen Jahren konkretisierte Faktoren erstmals gewichtet zusammen. Das hilft, richtige Entscheidungen zu treffen. Deren Findung im frühen Stadium der Vorbereitung eines Bauvorhabens ist Schwerpunkt der neuen Herangehensweise im prozessoptimierten Gleisumbau.

1.5 Technologierahmenbedingungen im Oberbau – etwas Vorgeschichte

Mitte der 2010er-Jahre berieten leitende Vertreter der (**DB Netz AG** ▶ Anhang – E7) und der Bundesvereinigung Mittelständischer Bauunternehmen e. V. (**BVMB** ▶ Anhang – E8) über „Technologierahmenbedingungen im Oberbau", auch unter Wettbewerbsaspekten. In diesem Rahmen wurden Zielsetzungen bestimmter Handlungsfelder erörtert:

- **Mehr Kundennutzen** – Erhöhung der Verfügbarkeit des Fahrwegs und bessere Ausnutzung von Sperrzeiten.
- **Einhaltung von Klimazielen** – Verbesserte Ökobilanz der Baustelle durch Ressourcenschonung.
- **Mehr Mitarbeiterzufriedenheit und Anwohnerakzeptanz** – Reduzierung der Bau- und Einsatzzeiten.
- **Positive Ergebnisverbesserung** – Nachhaltig wirtschaftlich durch Verlängerung der Nutzungszeiten des Oberbaues und verlängerte Stopfzyklen.

Eine Arbeitsgruppe befasste sich während etwa zwei Jahren mit den identifizierten Lösungsansätzen in insbesondere drei wesentlichen Handlungsfeldern:

- Durchführung einer Universitäts-Studie, um belastbare Zahlen zur **Verlängerung der Stopfzyklen** infolge des Einsatzes des Fließbandverfahrens zu gewinnen.
- Erarbeitung einer **praktikablen Arbeitshilfe** für die Technologieentscheidung.
- Ganzheitliche **Bewertung von Angeboten** hinsichtlich Betriebs-, Material- und Personalkosten in Abstimmung mit dem Einkauf des Infrastrukturbetreibers.

Festgestellt wurde, dass eine Baustelle kein „Mahnmal gegen die Mobilität" werden dürfe, vielmehr soll die Baustelle Impulsgeber sein und die Grundlage für mehr Mobilität bereiten. Diese Sichtweise verschafft womöglich als lästig empfundenen Bauarbeiten und ihren Begleiterscheinungen eine ganz andere, positive Perspektive. Um Bauverfahren und Abläufe zu optimieren, ist intern Transparenz in der Entscheidungsfindung erforderlich. Sorge das gefundene Verfahren dann für eine hohe Verfügbarkeit der Infrastruktur, befand die Arbeitsgruppe, dann führe dies zu gesteigerter Zufriedenheit beim Kunden. Und daneben sicher auch beim Infrastrukturbetreiber.

In einer gemeinsamen Expertengruppe zum Thema „Technologierahmenbedingungen im Oberbau" aus Vertretern von Bauwirtschaft und DB Netz AG wurden dann im Jahr 2016 Möglichkeiten untersucht, eine systematische Optimierung der Grundlagen für die Planung von Oberbaumaßnahmen im Gleisumbau zu erstellen. Daraus wurde ein entsprechendes Verfahren entwickelt. Die BVMB brachte sich hierfür mit der Expertise seiner Mitgliedsbetriebe im Bahnbau als Multiplikator auf Seiten der Bauwirtschaft ein. Die DB Netz AG steuerte die Sicht des Infrastrukturbetreibers oder auch Anlagenverantwortlichen bei, steht zugleich in der Rolle der regelsetzenden Organisation.

Anspruch war, anhand von bestimmten Kriterien eine Entscheidungshilfe nach Art eines „Leitfadens" zu definierten Planungsparametern bereitzustellen: Welches Bauverfahren ist unter welchen Aspekten zu wählen? Da es sich jedoch um eine komplexe Entscheidung handelt, ist eine klare Ja/Nein-Abwägung schwierig. In der gemeinsamen Diskussion entstand die Idee zur Entwicklung einer Entscheidungsmatrix, die bekannte Gegebenheiten angemessen berücksichtigt, Prämissen nennt und denen zugeordnet Kriterien abwägt. Gemeinsames Ziel war, eine qualitativ hochwertige Bauausführung unter weitgehender Aufrechterhaltung des Bahnbetriebes zu ermöglichen.

Die Ergebnisse der Untersuchungen bestätigten die Richtigkeit der Annahmen. Eine höhere Streckenkapazität ist möglich. „Fahren und Bauen" trotz erheblich erhöhten Bauvolumens setzt die Wahl des richtigen Bauverfahrens ohne Vollsperrung bereits in einer frühen Planungsphase voraus. Bei konsequenter Anwendung der gefundenen Planungsgrundsätze durch die Planungsverantwortlichen sind Fahren und Bauen miteinander vereinbar. Betrieblich positiv wirken sich die erreichbare Verkürzung von Bauzeiten sowie die Aufrechterhaltung des Bahnbetriebs auf dem Nachbargleis – natürlich nur bei mehrgleisigen Strecken – aus.

Seitens der DB Netz AG wurden im Übrigen stets auch Gespräche mit den einschlägigen Großmaschinenherstellern – Stichwort Gleisumbauzüge, Bettungsreinigungsmaschinen und andere Großmaschinentechnik – geführt.

Abb. 1.4: Um die komplexen Arbeitsabläufe der Großmaschinentechnik kennen zu lernen, kann eine Maschinenbesichtigung während der laufenden Arbeit wie hier an einer Bettungsreinigungsmaschine bei Rudolstadt sinnvoll sein. (Foto: Plasser & Theurer)

2 Leitfaden, Studie und Richtlinien

Im Januar 2021 veröffentlichte die DB Netz AG intern ihren „Leitfaden Investitionsplanungsprozess Oberbau“ innerhalb des Projektes „Optimierung Netz-Verbundprozess Fahren und Bauen“[1]. Mit der Integration in den neuen Prozess „Oberbauprogramm Planen“ wird dies voraussichtlich mit Jahresbeginn 2023 auch für Dritte zugänglich. Das Papier und die Anwendung der gewonnenen Erkenntnisse sollen dazu beitragen, dass der Betreiber der Infrastruktur (hier die DB Netz AG) den sie nutzenden Eisenbahnverkehrsunternehmen – den Bahnen – eine höhere Trassenverfügbarkeit bei gleichzeitiger Steigerung des Bauvolumens anbieten kann. Gesteigerte Netzkapazität ist das Ziel. Der immanente Konflikt von „Fahren und Bauen“ beim Bauen im Bestand soll minimiert, im Idealfall aufgelöst werden. Im Leitfaden enthalten ist die im Rahmen der Zukunftsinitiative Bahnbau finalisierte, von DB Netz und BVMB entwickelte Entscheidungsmatrix als Entscheidungshilfe zur Wahl des richtigen Bauverfahrens. Ihre Aufnahme in Investitionsplanungsprozesse ist für den Bahnbau durchaus ein Meilenstein.

2.1 Anlass und Auslöser

Bauen im Bestand ist eine Herausforderung für alle Beteiligten. Doch sind Bauwirtschaft und Infrastrukturbetreiber nur zwei der von geplanten Arbeiten am Gleis betroffenen Gruppen. Wird bei der Bahn im Bestand gebaut, hat dies umfangreiche Auswirkungen. Sobald am Gleis mehr als Kontrollen oder kleine Arbeiten zu erledigen ist, dann ist das für die Umgebung und für die Anlieger mit Belastungen verbunden. Ungleich größer aber sind die für sie zumeist unsichtbaren Auswirkungen, die gleichsam hinter den Kulissen bewältigt werden müssen – vor, während und auch nach der Bauphase. Für Infrastrukturbetreiber und Eisenbahnverkehrsunternehmen stehen diese Kapazitätseinbußen durch baubedingte Erschwernisse im Vordergrund: Streckensperrungen und andere Begleiterscheinungen wie Schienenersatzverkehre und Umleitungen können ganz buchstäblich weitreichende Auswirkungen haben. Ihr Auftreten muss also so eng wie nur möglich begrenzt werden. Ganz vermeiden lassen sich die Erschwernisse nie. Wird am befahrenen Gleis gebaut, dann fallen Trassen weg, ob nun beim Bauen „unter dem rollenden Rad“ oder infolge Streckensperrung.

Mehr als jede dritte Gleiskilometersperrstunde im Netz der DB AG, genau 38 %, entfiel im Jahr 2019 auf das Oberbauprogramm. Auf den Folgeplätzen liegen mit deutlichem Abstand Arbeiten an Brücken (17 %), Oberleitungsanlagen und Elektrotechnik (12 %), Konstruktiver Ingenieurbau sowie Leit- und Sicherungstechnik mit jeweils 10 %[2]. Somit haben Arbeiten am Oberbau maßgeblichen Einfluss auf die Zahl baubedingter Erschwernisse.

Die Auswirkungen einer temporären Bahnbaustelle, serieller Sperrpausen oder gar einer längerfristigen Streckensperrung sind keineswegs lokal auf den Ort des Geschehens begrenzt. Eine einfache Umleitung durch den Nachbarort wie bei der Straße wird nahezu nie möglich sein. Und selbst wenn eine Ausweichstrecke zur Verfügung steht – ist sie auch elektrifiziert, passt die Streckenklasse, lassen Infrastruktur und Belegung den Zusatzverkehr überhaupt zu? Baubedingte Störungen im Verkehrsablauf können und werden noch in hunderten Kilometer Entfernung zu spüren sein: Güterzüge sind weiträumig umzuleiten, der Fernverkehr wird gebremst und eingeschränkt, der Regionalverkehr muss warten oder sogar entfallen. Selbst die eigene Baustellenlogistik ist betroffen. All das hat mittelbar und unmittelbar auch wirtschaftliche Auswirkungen.

1 DB Netz AG, Projekt Optimierung Netz-Verbundprozess Fahren und Bauen (I.NXV): Leitfaden Investitionsplanungsprozess Oberbau, Stand 26. Oktober 2020, Frankfurt am Main, 2020

2 DB Netz AG, Leitfaden Investitionsplanungsprozess Oberbau, a.a.O. (S. 5)

Es muss also optimiert werden, um die problematischen Zeiten so kurz und die betrieblichen wie die wirtschaftlichen Auswirkungen so gering wie möglich zu halten. Für das Erreichen des anzustrebenden Optimums gibt es eine Vielzahl von Stellschrauben. Erfahrene Praktiker werden oft intuitiv angemessen planen und das fragile Geflecht von Ursachen und Wirkungen bestmöglich berücksichtigen. Doch wie so oft wird auch hier die Welt immer komplizierter. Letztlich ist vor jeder Ausschreibung unter anderem gründlich und treffsicher zu ermitteln, welches Bauverfahren überhaupt zum Einsatz kommen soll. Das wird die klassische Rollenteilung zwischen Auftraggeber (das „Was gebaut wird") und dem Auftragnehmer (das „Wie gebaut wird") ein Stück weit verändern. Von der Abwägung und von der letztlichen Entscheidung hängen dann viele der weiteren Schritte, Maßnahmen und Planungen ab: Um wirtschaftlich, betriebs- und umweltfreundlich, also im Sinne des Vorhabens richtig bauen zu können, muss unter den sich bietenden Möglichkeiten die beste oder die dem Optimum nächste ermittelt werden. Dafür wiederum gibt es eine Reihe von Entscheidungskriterien – und auch Hilfsmittel.

2.2 Der „Leitfaden Investitionsplanungsprozess Oberbau" der DB Netz AG

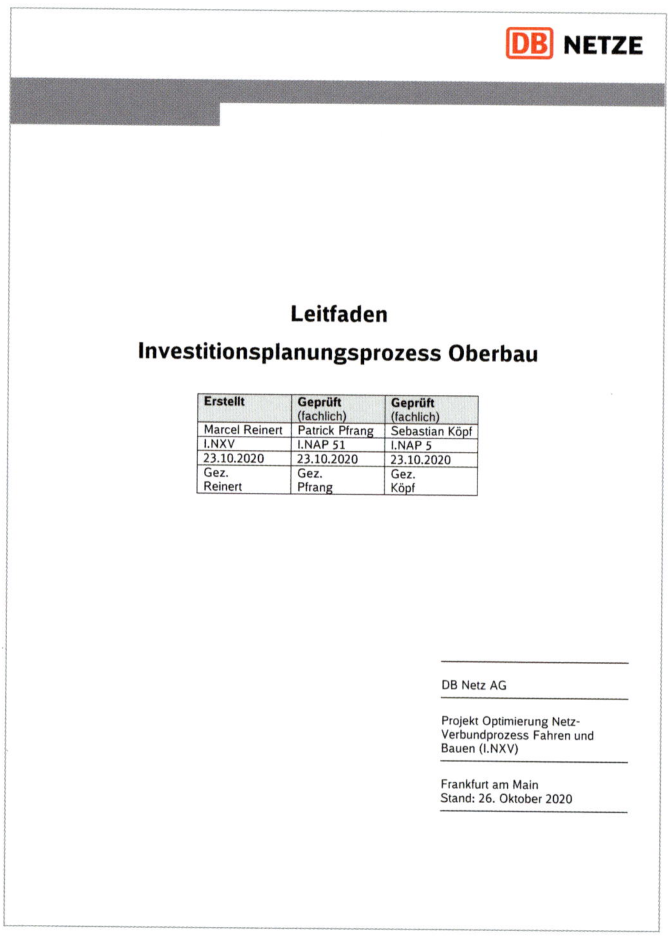

DB NETZE

Leitfaden

Investitionsplanungsprozess Oberbau

Erstellt	Geprüft (fachlich)	Geprüft (fachlich)
Marcel Reinert	Patrick Pfrang	Sebastian Köpf
I.NXV	I.NAP 51	I.NAP 5
23.10.2020	23.10.2020	23.10.2020
Gez. Reinert	Gez. Pfrang	Gez. Köpf

DB Netz AG

Projekt Optimierung Netz-Verbundprozess Fahren und Bauen (I.NXV)

Frankfurt am Main
Stand: 26. Oktober 2020

Abb. 2.1: Der erste „Leitfaden Investitionsplanungsprozess" der DB Netz AG (Quelle: DB Netz AG)

Ein Hilfsmittel bei der Bauplanung ist der im Januar 2021 von der DB Netz AG veröffentlichte „Leitfaden Investitionsplanungsprozess Oberbau". Ersteller ist das „Projekt Optimierung Netz-Verbundprozess Fahren und Bauen (I.NXV)" in Frankfurt am Mai. Ziel des Projektes (**I.NXV** ▶ Anhang – E9) ist es laut Einleitung zum Leitfaden, „übergreifende Lösungen von der Entstehung des Baubedarfes bis zum Tag der Zugfahrt zu entwickeln". Das geht weit über die eigentliche Bauphase hinaus, diese steht aber im Zentrum aller Betrachtungen. Einer der darin versammelten Ansätze ist die richtige Abwägung des zu wählenden Bauverfahrens, also konventionell oder maschinell, im Zuge der Baubedarfsplanung. Auslöser zur Umsetzung der Leitfaden-Idee war jetzt die „Zukunftsinitiative Bahnbau" (ZIB). Mit dem 1. Januar 2022 gilt der „Leitfaden Investitionsplanungsprozess Oberbau" als offizielles Regelwerk.

Der DB-Leitfaden verfolgt vier wichtige Basiselemente:

- **Prozess-Standardisierung** umfasst den kompletten Ablauf von der Abschätzung des langfristigen Investitionsbedarfes über Bauplanung und Bauzeit bis zur ersten Zugfahrt.
- **Steuerungsfähigkeit** soll rechtzeitige Eingriffsmöglichkeiten nach Erkennen von Fehlentwicklungen bieten. Werkzeuge sind Kennzahlen und organisatorische Frühwarnsysteme, die Prozesse und deren Ergebnisse transparenter machen.
- **Schlüsselmaßnahmen** dienen dazu, zumindest wesentliche Prozesse im Rahmen der kontinuierlichen Verbesserung sukzessive zu ändern – an den richtigen Stellen.
- **Umsetzungshilfen**, hier genannt „Befähigung der Regelorganisation für die Umsetzung der Änderungen", um die entwickelten Änderungen wirken zu lassen.

Ist all dies letztlich erfolgreich, wird sich die Netzkapazität wenn auch nicht maximieren so doch zumindest nachhaltig steigern lassen. Die DB Netz AG will so auch ihre Rolle im Rahmen der veröffentlichten Strategien (**„Starkes Netz"** ▶ Anhang – E10) und „Starke Schiene Deutschland" stärken. Der „Leitfaden Investitionsprozess Oberbau" ist dafür als Handlungshilfe gedacht. Wo sinnvoll, wird in dieser Schrift aus dem „Leitfaden Investitionsprozess Oberbau" zitiert, insbesondere aus dessen Abschnitt Baubedarfsplanung.

2.3 Die vergleichende Studie

Im August 2014 legte die IVE Ingenieurgesellschaft für Verkehrs- und Eisenbahnwesen mbH (Hannover) den Abschlussbericht zu ihrer „Voruntersuchung zum Vergleich maschineller und konventioneller Instandhaltungsarbeiten im Netz der DB Netz AG" vor. Diese Voruntersuchung von Dipl.-Ing. Dirk Lillie und Dipl.-Ing. Sebastian Kantorski wurde unter Leitung von Prof. Dr.-Ing. Thomas Siefer im Auftrag des Maschinenherstellers Plasser & Theurer erstellt. [3]

Die Bearbeiter widmen sich den aufwendigen und kostenintensiven Haupt-Instandhaltungsarbeiten beim Schotteroberbau, den damit verbundenen eher traditionellen Einschätzungen und den tatsächlichen Verhältnissen nach wissenschaftlicher Betrachtung. Der Abschlussbericht ist eine der Grundlagen für die Erstellung dieser Schrift und gibt auszugsweise deren Erkenntnisse wieder.

3 Lillie, Dirk; Kantorski, Sebastian: Abschlussbericht Voruntersuchung zum Vergleich maschineller und konventioneller Instandhaltungsarbeiten im Netz der DB Netz AG; IVE Ingenieurgesellschaft für Verkehrs- und Eisenbahnwesen mbH; Hannover, 2014

2.4 Entscheidungsfindung aus Sicht der mittelständischen Bauunternehmen

Eine Initiative der Bauwirtschaft zur Unterstützung der Strategie DB2020 widmete sich im Jahr 2014 den Technologierahmenbedingungen und dem Technologiewettbewerb im Oberbau. Vorgestellt wurde von der Bundesvereinigung Mittelständischer Bauunternehmen e.V. (BVMB) 2014 auch ein – ebenfalls unveröffentlichter und nur als Präsentation vorliegender – Leitfaden zur methodischen Unterstützung bei der Verfahrensauswahl unter dem Titel „Fließbandverfahren vs. Konventioneller Umbau von Gleisen". Aus beiden genannten Zusammenstellungen wird im Rahmen dieser Schrift ebenfalls zitiert.

Abb. 2.2: Die BVMB befasst sich eingehend mit Fragestellungen zum Kapazitätsschonenden Gleisumbau. (Quelle: BVMB e.V)

Aus Sicht der Mittelständischen Bauwirtschaft stellen gleisgebundene, maschinelle Umbauverfahren bei entsprechenden Rahmenbedingungen einen Vorteil für alle Beteiligten dar. Die BVMB schlug daher die „Bildung einer gemeinsamen Arbeitsgruppe aus Experten der DB AG und der Bauwirtschaft zur Erarbeitung und Weiterentwicklung wirtschaftlicher Konzepte zur Planung, Ausschreibung und Durchführung nach ökonomischen und ökologischen Anforderungen" vor. Ein „regelmäßiger Erfahrungsaustausch zwischen Experten der DB Netz AG und der Bauwirtschaft sowie Maschinenherstellern zur innovativen Weiterentwicklung von Verfahren und Technologien im Oberbau" sei sinnvoll.

Tatsächlich haben bereits in den zurückliegenden Jahrzehnten Impulse aus der Bauwirtschaft beispielsweise bei Schnellumbauzügen und Bettungsreinigungsmaschinen zu international wegweisenden Entwicklungen gemeinsam mit den Maschinenherstellern geführt. Diese Großmaschinen – und mögliche weitere, weiterentwickelte – müssen aufgrund ihrer ganz erheblichen Investitionskosten stets wirtschaftlich im Einsatz und daher mindestens ausreichend beschäftigt sein. Dennoch ist immer abzuwägen, ob ihr Einsatz für das jeweilige Bauvorhaben sinnvoll ist. Das heißt aber auch, dass je nach Baustelle auch kleinere Maschinen oder konventionelle Bauverfahren unter Beachtung der Kriterien zum Einsatz kommen können – oder im anderen Fall sogar mehrere Großmaschinen zugleich, was trotz des erhöhten Aufwandes letztlich bei ganzheitlicher Betrachtung aller Rahmenbedingungen wirtschaftlicher sein kann.

2.5 Internationale Perspektive

Der genannte Leitfaden der DB Netz AG rund um den Investitionsplanungsprozess Oberbau ist sicher nicht der einzige seiner Art in der großen, weiten Bahnwelt. Gleichwohl sind hier Grundsätze festgeschrieben, die als exemplarisch anzusehen sind, mindestens zum Teil durchaus als allgemeingültig im Bereich Heavy Rail und mit Einschränkungen auch im Bereich Light Rail. Insbesondere die nachfolgend näher zu betrachtende Entscheidungshilfe bei der Wahl des konventionellen oder maschinellen Oberbau-Bauverfahrens hat durchaus universellen Charakter.

Die BVMB hat über die Mitgliedsunternehmen naheliegenderweise auch viele Kontakte in die Nachbarländer. Aus Österreich beispielsweise ist eine Vergleichsbetrachtung von Bauverfahren nach Untergrundsanierung im Rahmen einer Bahnbaustelle bei Zell am See bekannt. Dort wurden beide Hauptgleise der wichtigen innerösterreichischen Verbindung Salzburg–Kufstein (über Bischofshofen, Kitzbühel und Wörgl) saniert. Die Besonderheit: Bei dem einen Gleis wurde konventionell mit Bagger und Lkw die 70 cm starke Planumsschutzschicht erneuert. Beim anderen Gleis kam das sogenannte Fließbandverfahren, also der Bettungsumbau mit schienengebundener Großmaschinentechnik, zum Einsatz. Hierbei ermöglichte ein geotechnisches Gutachten dank der gleichmäßigeren Verdichtungsleistung eine auf 40 cm Stärke reduzierte Planumsschutzschicht, was bereits eine rund 40-prozentige Materialersparnis sowie geringeren Logistikaufwand zur Folge hatte. Nachfolgende Untersuchungen zeigten, dass sich beide Gleise hinsichtlich ihrer Gleislagequalität nicht unterscheiden und völlig identisch verhielten. Die naheliegende Schlussfolgerung: „Beim Fließband-Verfahren kann demnach mit geringeren Schichtstärken das Auslangen gefunden werden“ (BVMB). Entsprechend nachhaltig ist die Verringerung des Material- und Transportaufwandes.

Abb. 2.3: Gleisumbaumaschine in Österreich im Einsatz unter Betrieb auf dem zweiten Gleis und mit einer automatischen Warnanlage. (Foto: Plasser & Theurer)

3 Zur Wahl des Umbauverfahrens

Wie Lillie/Kantorski in ihrem Abschlussbericht zu ihrer vergleichenden Studie „Voruntersuchung zum Verfahrensvergleich maschineller und konventioneller Instandhaltungsarbeiten im Netz der DB Netz AG“ (siehe Abschnitt 2.3) feststellen, bestehen eher traditionelle, überlieferte Einschätzungen zur Wahl zwischen konventionellem und maschinellem Umbau: „Ein häufig von Fachleuten genannter oberflächlicher Vergleich beider Instandhaltungsverfahren fördert die Aussage zu Tage, dass der maschinelle Umbau kürzere Gleissperrungen erfordere, jedoch kostenintensiver sei, der konventionelle Umbau zwar länger dauere, aber billiger sei.“[1] Wissenschaftlich belegt sei das jedoch nicht, es ergebe sich die Notwendigkeit einer wissenschaftlichen Untersuchung. Eine ganzheitliche Kostenbetrachtung, also mit Berücksichtigung von Material- und Betriebserschwerniskosten lag (zumindest 2014) noch nicht vor. Gleichwohl geht mit dem Einsatz von Großmaschinentechnik eine deutliche Reduzierung der Personaleinsatzstunden auf der Baustelle einher (vgl. hierzu auch Abschnitt 4.3).

Zudem schreiben Lillie/Kantorski, ein Vergleich beider Verfahren bei Gleis- und Bettungserneuerungen habe in technischer Hinsicht ergeben, „dass die Qualität des Gleises nach Durchführung der Instandhaltungstätigkeiten bei beiden Verfahren nahezu identisch ist.“[2] Das muss relativiert werden. Selbstverständlich ist jede konventionell oder mit Großmaschinen umgebaute Strecke in vollem Umfang betriebsbereit und betriebssicher. Der kontinuierliche Gleisumbau – also mit Großmaschinentechnik – erreicht aber eine bessere Qualität, da ein homogener Abschnitt entsteht und der Umbau prozesssicher nach dem durchgehend gleichen, ebenso kontrollier- wie nachvollziehbaren Muster entsteht. Außerdem hat sich inzwischen gezeigt, dass es mittel- bis langfristig durchaus Unterschiede gibt, etwa in Hinblick auf nach dem Umbau erreichbare Stopfzyklen.

3.1 Konventioneller und maschineller Gleisumbau

Lillie/Kantorski erläutern in ihrem Bericht, „zu den aufwändigen und kostenintensiven Hauptinstandhaltungsarbeiten des Schotteroberbaues zählen die Gleis- und Bettungserneuerungen. Diese Instandhaltungsarbeiten werden im Netz der DB Netz AG sowohl im maschinellen Verfahren, d. h. mit hochspezialisierten Gleisbaumaschinen und Großmaschinentechnik (GMT), als auch im konventionellen Verfahren, d. h. durch Einsatz von einem oder mehreren Zweiwegebaggern (ZwB) durchgeführt.“[3] Das maschinelle Verfahren, der Einsatz von Großmaschinentechnik, wird in der Branche oft auch als Fließbandverfahren bezeichnet. Das ist einprägsam und durchaus bildlich: Die Maschinen erledigen ihre Arbeit nicht nur kontinuierlich und insofern „wie am Fließband“, sie sind allein schon für den Schottertransport in und zwischen den Maschinen von einer Vielzahl von Förderanlagen gekennzeichnet. Auch Schwellen werden bei Einsatz der GMT kontinuierlich abtransportiert und herangeführt.

Für Sperrpausenanmeldungen werden Leistungen beim Bahnbau gemäß „Leitfaden Bauzeiten- und Sperrzeitenkatalog“ der DB Netz AG[4] (Abschnitt 5.5) die Arbeiten am Oberbau der Fahrbahn in zwölf Unterkategorien unterteilt:

1 Lillie, Dirk; Kantorski, Sebastian: Abschlussbericht, a.a.O. (S. 1)
2 dto.
3 dto.
4 DB Netz AG, I.NIG 41: Leitfaden Bauzeiten- und Sperrzeitenkatalog, gültig seit 01.05.2021; Frankfurt am Main, 2021

1 Schienen(-tausch)
2 Gleise, Umbau konventionell
3 Gleisumbau im Fließbandverfahren
4 Bettungsarbeiten Gleis
5 Planumsverbesserung im Fließbandverfahren
6 Planumsverbesserung konventionell
7 Gleisverschwenkung
8 Instandhaltung Gleis
9 Umbau Weiche/Kreuzung
10 Instandhaltung Weiche/Kreuzung
11 Rüstzeiten für Fließband-/Hebetechnik
12 Rüstzeiten für Stopfmaschinen

Die Entscheidung zwischen konventionellem oder maschinellem Umbauverfahren betrifft mehrere dieser Aufgaben am Oberbau. Nur die Punkte 2 und 3 sowie 5 und 6 nennen bereits das zugehörige Verfahren. Ansonsten ist zumeist eine Vielzahl von Varianten möglich.

Dank der stetigen Weiterentwicklung der Maschinen ist eine durchgehende, kontinuierliche Bettungsreinigung inzwischen auch in Weichen- und Kreuzungsbereichen möglich. Der Tausch von Teilen dieser Anlagen jedoch ist bis auf weiteres dem konventionellen Verfahren vorbehalten, kann hier aber unbeachtet bleiben: Im Verfahrensvergleich geht es um den Umbau des Oberbaus der Strecke, nicht um den Neubau, nicht um den Weicheneinbau und auch nicht um reine Stopfarbeiten. Die wird niemand mehr konventionell durchführen wollen, abgesehen von allfälliger Störungsintervention und lokal eng begrenzten Arbeiten unter Einsatz von Handmaschinen oder an Zweiwegebagger anbaubaren Stopfaggregaten.

	Gleisloser Einbau	Gleisgebundener Einbau
Vorteile	• Keine Behinderung durch den bestehenden Gleisrost • Verwendung üblicher Erdbaumaschinen • Flexibilität bei unvorhergesehenen Bodenverhältnissen • Vorteile bei kurzen Baustellenlängen • Keine Aufstelllängen am Baustellenanfang • Einsatz mehrerer Bauspitzen • Geringe Kosten	• Weitgehend witterungsunabhängiger Bauprozess • Prozesssicherer und homogener Einbau von Schutzschichten und Geokunststoffen • Kleine Baulücke erfordert keinen Verbau • Keine Befahrung des Planums notwendig • Reduktion der Transporte durch Verwendung der bestehenden Gleisanlage • Hohe Arbeitsleistungen • Möglichkeit der Schotterwiederverwendung • Reduktion der Transporte
Nachteile	• Ausführung und Qualität stark witterungsabhängig • Schädigung des Planums durch Befahrung möglich • Notwendiger Gleislängsverbau zum Nachbargleis • Besondere Anforderungen an die Bauaufsicht • Lange Bauzeiten durch geringe Arbeitsleistung • Zufahrtsstraßen zur Baustelle • Ökologische Nachteile	• Erdplanum wird nur geglättet • Geringere Flexibilität hinsichtlich unterschiedlicher Bodenbedingungen • Lokal begrenzte Qualitätskontrolle • Höhere Kosten • Lange Rüstzeiten • Anspruchsvolle Anforderungen an die gleisgebundene Materiallogistik

Abb. 3.1: Grobe Einschätzung der Vor- und Nachteile von konventionellem und maschinellem Gleisumbau, hier „gleislos“ und „gleisgebunden“ benannt. (Quelle: Global Rail Academy)

3.1.1 Konventioneller Gleisumbau kompakt

Beim konventionellen Gleisumbau kommen zusätzlich zu manuellen Arbeiten mit Kleinmaschinen (auch Handmaschinen genannt) diverse Erdbaumaschinen zum Einsatz, wie

- Bagger
- Radlader
- Planierraupen
- Walzen
- Grader
- Lastkraftwagen

Vorteilhaft ist bei diesen Maschinen ihre zumeist leichte und flexible Verfügbarkeit zu vergleichsweise mäßigen Kosten. Spezialisierung betrifft hier, abgesehen von Anbaugeräten, in erster Linie die Zweiwegeausrüstung an Baggern. Sie müssen jedoch nicht sämtlich zweiwegefähig sein, auch wenn das die Flexibilität im Einsatz steigert. Bagger sind für unterschiedliche Aufgaben einsetzbar, vom Abheben der Schienen, gegebenenfalls mit Traversen, über Bewegen des Schotters und Rückbau einer etwaigen abgängigen Planumsschutzschicht bis zu Arbeiten im Umfeld oder an den Baustraßen. Über diese wird die Baustelle beim konventionellen Gleisumbau zumeist erschlossen und angebunden werden. Das wird dann allerdings zu zusätzlichen Beeinträchtigungen von Umgebung und Umwelt führen, nicht nur in Wald- oder Feuchtgebieten. Wird die Baustelle hingegen über ein vorhandenes zweites Gleis versorgt, sind dort Sperrpausen für die Baulogistik unvermeidlich.

Wegen Zugänglichkeit und Erreichbarkeit für Rad- und Gleiskettenfahrzeuge muss bei konventionellen Bauverfahren eine entsprechend geeignete Topografie vorhanden sein, beispielsweise:

- Gleichlage
- leichter Einschnitt
- leichte Dammlage
- Bahnhofbereiche

Oft auch wird im Bereich von Brücken und Durchlässen aufgrund von konstruktiven Rahmenbedingungen der Bauwerke konventionell gearbeitet.

Abb. 3.2: Konventioneller Gleisumbau (Foto: DB AG/Oliver Lang)

Lillie/Kantorski benennen Streckenabschnitte um 500 bis 700 m Baulänge als wirtschaftlich im konventionellen Gleisumbau, kürzere Bereiche würden mehrheitlich konventionell umgebaut. Der Nachteil konventioneller Verfahren liege in der geringen Umbauleistung, die die mit 5,55 bis 7,77 m/h bei Gleiserneuerung mit Sanierung der Planumsschutzschicht anzusetzen ist.[5]

Eine Reinigung des Schotters ist auch in konventionellen Bauabläufen möglich. Dies wird verständlicherweise nur an dafür eigens einzurichtenden Stellen abseits des Gleises mittels stationärer Aufbereitungsanlagen geschehen können, was Transportleistung bindet und mehrfaches Handling der Massen bedingt, samt (Zwischen-)Lagerung.

Abb. 3.3: Schotterreinigung abseits des Gleises bedingt mehrfaches Handling des Materials.
(Foto: DB AG/Christian Bedeschinski)

Abb. 3.4: Radfahrzeuge können Spurrinnen in den Schotter drücken.
(Foto: DB AG/Oliver Lang)

Abb. 3.5: Schlammstellen im Schotterbett sind eine Folge mangelhafter Drainage.
(Foto: Plasser & Theurer)

5 Lillie, Dirk; Kantorski, Sebastian: Abschlussbericht, a.a.O. (S. 6)

Als problematisch benennen Lillie/Kantorski, dass vielfaches spurtreues Befahren des Planums durch die eingesetzten Radfahrzeuge Schotter in die Planumsschutzschicht eindrücken kann.[6] Das wiederum kann die Drainage des Bahnkörpers behindern: Schlammstellen könnten infolge des schlechten Abflusses von Oberflächenwasser entstehen und wie jede mangelhafte Drainage den späteren Aufwand bei der Instandhaltung erhöhen.

3.1.2 Maschineller Gleisumbau kompakt

Der maschinelle Gleisumbau, der Einsatz von Großmaschinentechnik (GMT) oder eben die Fließbandtechnik, geht grundsätzlich von gleisgebundenen Baumaschinen aus. Sie fahren auf dem und arbeiten im Baugleis, was baustellenbedingte Beeinträchtigungen des laufenden Betriebs bei Strecken mit mindestens zwei Gleisen insgesamt verringert. Die Materiallogistik läuft linear vor und hinter den arbeitenden Maschinen über das Baugleis, so die Versorgung mit Neuschotter und Neuschwellen. Die Abfuhr oder Entsorgung des Abraums geschieht ebenso, zumeist in entgegengesetzter Richtung zur Neuschotter-Zufuhr. Beides ermöglicht eine entsprechende Fördertechnik, in die Großmaschinen integriert ebenso wie in die zuführenden und abtransportierenden Züge (Beispiel: MFS – Materialförder- und Silowagen). Altschwellen werden nach Entnahme der zugeführten Neuschwellen sukzessive auf denselben Schwellentransportwagen abgelegt. Je nach Konstellation führen bei überschaubaren Arbeiten Großmaschinen die benötigten Oberbaumaterialien – in begrenztem Umfang – selbst heran und nehmen Abraum mit. Baustraßen sind in der Regel bei Großmaschinentechnik nicht erforderlich. Bei Totalsperrungen kann für die Baulogistik selbstverständlich auch das zweite Gleis genutzt werden, sofern der Umbau nicht sogar auf beiden Richtungsgleisen parallel läuft.

Abb. 3.6: Einsatz zahlreicher Materialförder- und Silowagen bei der Sanierung einer Schnellfahrstrecke, die Umbaumaschine arbeitet rechts im Hintergrund, hinter ihr die Neuschotterversorgung. (Foto: Achim Uhlenhut)

6 dto.

Abb. 3.7: Begegnung zweier Reinigungsmaschinen beim Umbau beider Richtungsgleise zugleich anlässlich der Sanierung der Schnellfahrstrecke nördlich von Göttingen, aufgenommen vom Maschinenführer. (Foto: Plasser & Theurer)

3.2 Beispiele für Großmaschinentechnik

Abb. 3.8: Bettungsreinigungsmaschine im Einsatz, neuer und aufbereiteter Schotter werden unmittelbar nach dem Ausbau des Altschotters eingebaut. Arbeitsrichtung nach links.
(Foto: Plasser & Theurer)

Für den maschinellen Gleisumbau in Fließbandtechnik sind unterschiedliche Großmaschinen im Einsatz. Auf den ersten Blick sehen diese komplexen und langen Maschinen einander durchaus ähnlich, haben aber technische Unterschiede und verschiedene Aufgaben. Zu unterscheiden ist schon frühzeitig danach, ob nur Schienen und Schwellen oder auch die Bettung angefasst werden sollen, außerdem ob nur der Schotter oder auch der darunter liegende Untergrund zu sanieren ist. Beim vollständigen Gleisumbau kommen zumeist zwei Großmaschinen nacheinander zum Einsatz: Erst der Schotteraustausch, gegebenenfalls samt Einbau einer neuen Planumsschutzschicht unter dem angehobenen Gleisrost, dann in einem zweiten Durchgang der Tausch von Schwellen und Langschienen. Dafür stehen Reinigungs- (RM) und Umbaumaschinen (UM) bereit, alle hochspezialisiert und zudem in diversen betreiberindividuellen Ausprägungen anzutreffen. Nachfolgend werden ausgewählte Maschinentypen kurz charakterisiert, orientiert an den Bauarten des Herstellers Plasser & Theurer.

Abb. 3.9: Blick auf die Gliederkette für den Schotterausbau bei einer Reinigungsmaschine. Arbeitsrichtung nach links.
(Foto: Plasser & Theurer)

3.2.1 Reinigungsmaschine (RM, URM, ZRM)

Eine Reinigungsmaschine RM ist für die Schotterbettreinigung oder in deren Erweiterung für den Tausch des Schotters vorgesehen. Dafür kommt eine unter dem Gleisrost laufende, stufenlos einstellbare Gliederkette zum Einsatz. Sie wird seitlich in einem Kofferloch eingefädelt – ein Trennen der Schienen ist hierfür nicht erforderlich –, fördert den Schotter auf gesamter Bettungsbreite heraus und übergibt ihn an in die Maschine integrierte Förderanlagen.

Vor und hinter der Bettungsreinigungsmaschine eingereihte Materialförder- und Silowagen (MFS) dienen der Abfuhr des Abraumes (nach vorn, um den Neuschotter nicht zu verschmutzen) und beim zumindest teilweisen Schottertausch der Neumaterialzufuhr (Zufuhr in Arbeitsrichtung von hinten). Fließbandanlagen erledigen alle Materialtransportaufgaben innerhalb der Maschine und der angehängten MFS.

Hauptaufgabe ist die Reinigung des verschmutzen, ausgebauten Schotters. Dem dienen eine, zwei oder auch drei integrierte Vibrationssiebanlagen im Siebwagen und je nach Maschine zusätzlich auch eine Schotterwäsche. Es ist auch möglich, in einer Prallbrechanlage die Kanten des Altschotters neu zu brechen, die Schotterkörner sind dann wieder scharfkantig. Die Reinigungsmaschine sorgt bei der Rückeinschotterung für die Einstellung der Gleishöhe ebenso wie für eine in Längs- und Querrichtung korrekte Neigung. Einzelne Maschinen erlauben zusätzlich die Zugabe von Neuschotter. Hierbei wird bei der Wiedereinbringung der zuvor aufbereitete Schotter mit der gewünschten Menge an Neuschotter gemischt, um eine für die Wiederherstellung der Gleislage ausreichende Menge an Schotter vorlagern zu können. Nach einer Schotterbettreinigung sind abschließend noch Stopfgänge erforderlich, um einen sicheren Betrieb mit Streckenhöchstgeschwindigkeit zu gewährleisten.

Abb. 3.10: Siebanlage zur Behandlung des ausgebauten Schotters

Abb. 3.11: Schotterwäsche in einer Reinigungsmaschine (Fotos: Plasser & Theurer)

Die Reinigungsmaschine ermöglicht beim Ausbau einen präzisen Planumsschnitt, eine nachhaltige Reinigungsqualität sowie gezielte Rückführung des ausgesiebten und aufbereiteten Schotters zu möglichst großem Anteil. Der kostenaufwendige Neuschottereinsatz lässt sich so reduzieren. Er hängt vom Grad der Verschmutzung des vorgefundenen Bestandsschotters und den Möglichkeiten zur Aufbereitung ab. Das senkt die Kosten für den Logistikaufwand und mindert die Entsorgungsfragen: Nur echte Rückstände sind abzutransportieren. Reine Bettungsreinigung ohne Neumaterialeinsatz ist möglich. Andererseits kann abschnittweise auch ein Totalaushub mit vollständigem Ersatz durch Neuschotter sinnvoll sein, etwa bei Beeinträchtigung der Bettungsqualität durch bindigen Lehm oder andere Stoffe.

Bettungsreinigungsmaschinen kommen zur Funktionserhaltung des Oberbaus im Sinne von Sauberkeit, Elastizität, Wasserableitungsfähigkeit und Homogenität des Schotterbettes auch unabhängig vom Gleisumbau zum Einsatz. Dynamische Gleisstabilisation kann ebenso wie eine breite Palette weiterer Zusatzfunktionen in die Reinigungsmaschine integriert werden.

3.2.2 Planumsverbesserungsmaschine (AHM, PM, RPM)

Die auch Untergrundsanierungsmaschine genannte Planumsverbesserungsmaschine arbeitet im Prinzip wie die Reinigungsmaschine, erfasst aber zusätzlich auch Teile des Untergrundes unter dem Schotter. Sie geht also mittels einer zweiten Räum- oder Kratzerkette tiefer, indem sie Teile des Untergrundes oder gegebenenfalls auch Teile des bereits bestehenden Unterbaus ausbaut. Als Sonderlösung können beim Wiedereinbau des Untergrundes neben Neumaterial auch bei der Schotterreinigung in den Siebanlagen gewonnene feinere Bestandteile verwendet werden.

Abb. 3.12: Planumsverbesserungsmaschine im Einsatz. Arbeitsrichtung nach links.
(Foto: Plasser & Theurer)

Die Planumsverbesserungsmaschine wird also erst den alten Schotter unter dem angehobenen Gleisrost ausbauen, dann mit einer zweiten Räumkette die darunterliegende Schicht. Wenige Meter weiter wird auf dem verdichteten Untergrund gegebenenfalls ein Geotextil ausgerollt, darauf die neue Planumsschutzschicht ausgebracht und ebenfalls vorverdichtet, worauf dann der Neuschotter platziert wird. Die Maschine fährt dann nach Austausch von Untergrund und Schotterbett auf dem darauf wieder abgelegten Gleis aus den vorhandenen Schwellen und Schienen. Vielerlei Zusatzfunktionen sind auch hier möglich, passend zu regionalen oder kundenseitigen Vorgaben, aber auch zum vorgesehenen Einsatzkonzept des Betreibers. Häufig ist eine integrierte Stopfmaschineneinheit anzutreffen.

Abb. 3.13: Planumsverbesserungsmaschine: Einbau der Planumsschutzschicht und darauf des Schotters. Arbeitsrichtung nach links. (Foto: Plasser & Theurer)

3.2.3 Umbaumaschine (UM, SMD, SUM, SUZ)

Die ebenfalls mehrteilige Umbaumaschine kommt auf ähnliche Dimensionen wie die Reinigungsmaschine und arbeitet ebenfalls im sogenannten Fließbandverfahren. Sie hat jedoch ganz andere Aufgaben und ist für den Tausch von Schwellen und Schienen zuständig. Vor Einsatz der Umbaumaschine werden auf den Schwellenköpfen die neuen Langschienen vorgelagert. Die Umbaumaschine nimmt diese auf und tauscht sie synchron zum Schwellenwechsel gegen das Altmaterial. Der Schwellentausch geschieht zumeist paarweise, alte und neue Schwellen werden auf getrennten Wegen durch die Umbaumaschine transportiert. Portalanlagen übernehmen den gesammelten An- und Abtransport neuer und alter Schwellen über angehängte Spezialwaggons. Die von der Umbaumaschine wiederum auf den Schwellenköpfen abgelegten alten Schienen werden nachfolgend separat von geeigneten Transporteinheiten nebst Greifern aufgenommen und abtransportiert. Die Umbaumaschine hinterlässt einen neuen Gleisrost, häufig auf dem zuvor von der Reinigungsmaschine sanierten Schotterbett.

Die erste vollmechanisierte Gleisumbaumaschine für das Fließbandverfahren wurde übrigens schon 1968 von der Firma Plasser & Theurer mit dem Typ SUZ 2000 vorgestellt. Sie bestand damals noch aus zwei separaten Maschinenzügen, einem Aufnahme- und einem Verlegeteil. Der Schwellenaufnahmeteil fuhr dabei noch auf den alten, der Verlegeteil bereits auf den neuen Schwellen. So ist es im Prinzip ungeachtet aller tiefgreifenden Weiterentwicklungen bis heute, nur dass alle Arbeiten innerhalb einer Maschine erledigt werden. Das Umbauverfahren Plasser & Theurer mit bei der damaligen Deutschen Bundesbahn als UP 1 bis UP 3 eingereihten Umbauzüge war das erste, das nicht mehr taktweise, sondern im Fließbandverfahren arbeitete. Diese Bezeichnung hat sich bis heute erhalten.

Abb. 3.14: Die Umbaumaschine tauscht sowohl Schienen als auch Schwellen. Arbeitsrichtung nach links. (Foto: Achim Uhlenhut)

Abb. 3.15: Aufnahme der getauschten Altschienen nach dem Gleisumbau, der Arbeitszug im Hintergrund fährt auf dem neuen Gleis. Arbeitsrichtung nach rechts. (Foto: Achim Uhlenhut)

Bei den Umbaumaschinen gibt es zwei unterschiedliche, in Fließbandtechnik arbeitende Bauarten. Beide werden hinsichtlich der Materiallogistik von einer Seite und direkt über das Baugleis versorgt. Der Typ SUM ist dadurch gekennzeichnet, dass die Materialwagen mit den Neuschwellen – in Arbeitsrichtung vor der Maschine – noch auf dem alten Gleis fahren, die Umbaumaschine hinten aber auf dem neuen Gleis. Der auffallende Rahmen der Hauptmaschine wird hochgespindelt, sodass sich über der Baulücke und im Bereich der ausgespreizten Altschienen und vorgelagerten Neuschienen eine Art Brücke ergibt. Das Fahrwerk in diesem Bereich ist angehoben und zusätzlich eingezogen.

Abb. 3.16: Umbaumaschine mit hochgespindeltem Hauptrahmen im Einsatz, Arbeitsrichtung nach rechts. (Foto: Achim Uhlenhut)

Der zweite Typ mit der Kurzbezeichnung SUZ wird ebenfalls in Arbeitsrichtung von hinten mit Neuschwellen versorgt, die Materialwagen laufen also auf dem neuen Gleis. Wie bei der SUM ist auch bei der SUZ im Bereich der Baulücke der zweiteilige Hauptrahmen hochgespindelt und das Schienenfahrwerk eingezogen. Im vorderen Bereich stützt sich die Hauptmaschine aber auf dem von Schwellen bereits geräumten Schotterbett mittels eines Raupenfahrwerkes ab, was hohe Zugkraft ermöglich. Die Altschienen werden noch davor ausgespreizt, die Altschwellen ebenfalls davor aufgenommen. Bei dieser Bauart ist es möglich, dass die neue Gleislage gegenüber der alten seitlich versetzt angelegt werden kann, sich also eine neue Gleisachse ergibt.

Außerdem kann die Bauart SUZ neben dem Gleisumbau – wie beschrieben – zusätzlich auch für den Neubau eingesetzt werden, da in Arbeitsrichtung vorn ja kein Gleis erforderlich ist. Zudem lässt sich für eventuellen Streckenrückbau – beispielsweise vor noch umfangreicheren Tiefbauarbeiten – die Arbeitsrichtung der SUZ umkehren. Dann fährt das Raupenfahrwerk hinten auf dem freigeräumten Schotterbett, die Materiallogistik verläuft nach vorn über das dort noch liegende alte Gleis.

3.2.4 Reinigungs- und Umbaumaschine (RU)

Seit einigen Jahren sind auch kombinierte Umbau- und Reinigungsmaschinen im Einsatz. Sie führen die vorstehend beschriebenen Arbeiten nacheinander in einer Maschine aus, was Bauzeiten sowie den Aufwand etwa bei der Materiallogistik weiter reduziert. Basis ist die um zusätzliche Komponenten erweiterte Bauart SUM. Dank solcher Hochleistungsmaschinen lassen sich Sperrpausen bestmöglich nutzen beziehungsweise in ihrer Länge begrenzen. Kernstück der Kombinationsmaschine ist die eigentliche Gleisumbaumaschine mit integrierter Schotterbettreinigung. Die Kombination betrifft auch die Arbeitsabläufe. Nach Ausspreizen der Schienen und Aufnehmen der Altschwellen folgt der Bettungsaushub mittels Räum- oder auch Kratzerkette. Der Altschotter wird hernach in der Maschine gereinigt und wie bei der Reinigungsmaschine in Mischung mit Neuschotter wieder eingebaut. Auf die Verdichtung folgt die Ablage neuer Schwellen, dann das Auflegen der – ggf. gegen neue getauschten – Langschienen sowie deren Befestigung wie bei der Umbaumaschine. Die Maschine erledigt also den Gleisumbau mit Bettungsreinigung in einem Durchgang und in der technologisch richtigen Reihenfolge: Reinigung vor Umbau, auch wenn hier dazwischen nur wenige Meter liegen. Das Nachbargleis bleibt betrieblich weiter nutzbar, da selbst bei diesem Funktionsumfang alle Materialtransporte im Arbeitsgleis stattfinden.

Für störungsfreie Abläufe sind sämtliche Materialtransporte allerdings besonders exakt abzustimmen, etwa wenn abwechselnd Züge mit Neuschotter und Neuschwellen heranzuführen sind. Das gilt entsprechend für den Altmaterial-Abtransport. Da die Räumkette nicht um den Gleisrost herum geführt werden muss – sie arbeitet in der Baulücke ja genau dort, wo die Schwellen bereits entfernt und alle Schienen zum Tausch angehoben und seitlich geführt sind – fällt der Arbeitsbereich schmaler aus. So kann auch beispielsweise an Bahnsteigkanten entlang oder an anderen Engstellen – Brückenbauwerke, andere nahe Fundamente, S-Bahn-Strecken mit seitlicher Stromschiene – gearbeitet werden.

Abb. 3.17: Eine Reinigungs- und Umbaumaschine arbeitet an einer Bahnsteigkante vorbei. Arbeitsrichtung nach rechts. (Foto: Plasser & Theurer)

3.3 Großmaschinentechnik im Einsatz

Laut Lillie/Kantorski bewarben sich auf dezidierte Ausschreibungen zum maschinellen Gleisumbau in Deutschland meist fünf Bieter[7], während es bei konventionellen Arbeiten oder verfahrensoffenen Ausschreibungen durchaus mehr als 25 sein können. Sie stellen weiter fest: „Je länger und kontinuierlicher die Umbauabschnitte sind, desto mehr kommen die technolo-

7 Lillie, Dirk; Kantorski, Sebastian: Abschlussbericht, a.a.O. (S. 13)

gischen und Geschwindigkeitsvorteile der Umbaumaschinen zum Tragen. [...] Den hohen Einsatzkosten der Großmaschinentechnik steht eine Reduzierung der Betriebserschwerniskosten durch kürzere Sperrpausen gegenüber."[8] Es sei „der maschinelle Umbau auf eingleisigen Strecken mit langen Umbauabschnitten und großen Massen effektiv und nahezu konkurrenzlos".[9] Hinzu kommt – für den Infrastrukturbetreiber wie für den Auftragnehmer – eine deutliche Reduzierung der Baustellengemeinkosten infolge der Bauzeitverkürzung.

Laut Lillie/Kantorski kann GMT die Baustellendauer im Vergleich zum konventionellen Gleisumbau um insgesamt etwa zwei Drittel reduzieren, wobei, das sei ergänzt, ggf. mehrere Durchgänge für Planumsschutzschicht, Schottertausch, Schwellenwechsel und Schienentausch ebenso wie logistikbedingte Pausen bereits berücksichtigt sind.

Eine Vielzahl von unterschiedlichen Arbeitsschritten beim Gleisumbau wie beispielsweise Ausbau, Aussieben von Abraum, Waschen und Brechen des Schotters sowie Einbau unter Hinzufügen von Neuschotter kann von modernen Gleisbaumaschinen in einem Durchgang erledigt werden. Bettungsreinigung mit integrierter Materialaufbereitung samt -wiedereinbau ist nur mit Großmaschinentechnik möglich. Das senkt aufgrund der unmittelbaren Wiederverwendung von recyceltem Material (Schotter und Planumsschutzschicht) den Transportaufwand ganz erheblich und verbessert so dank geringerem Logistikaufwand die Kostenbilanz wie auch den „ökologischen Fußabdruck" der Baustelle.[10] Positiv wirkt sich auch aus, dass das Planum nur kurzzeitig freigelegt ist und Radfahrzeuge keinen Einfluss auf den Oberbau ausüben: Vor und hinter der Umbaumaschine liegt stets ein komplettes Gleis. Großmaschinen müssen allerdings frühzeitig disponiert und im Planungsprozess für die jeweilige Baustelle fest und zeitlich exakt eingeplant werden.

3.4 Beispiel: Sanierung von Schnellfahrstrecken mit Großmaschineneinsatz

Paradebeispiele für konzentrierten maschinellen Gleisumbau sind Schnellfahrstrecken (SFS) samt ihrer typischen, manchmal langen Abschnitte auf Flutbrücken, in teilweise tiefen Einschnitten und in langen Tunnelbauwerken sowie nicht selten weitab von Siedlungen. Die Sanierung der ältesten, im Jahr 1991 in Betrieb genommenen SFS im deutschen Fernstreckennetz (jeweils über mehrere Monate in den Jahren 2019 bis 2023 und unter Vollsperrung) ist ideal für GMT. Dabei fällt auf, dass lange im Vorfeld berechnete und bestimmte Streckenteile in mehreren aufeinander folgenden Jahren sukzessive bearbeitet werden. Das liegt zum einen an den unvermeidlichen Fahrzeitverlängerungen infolge Totalsperrung, die sich sonst summieren würden, zum zweiten an vorhandenen Möglichkeiten, Fern- und Güterzüge von und zur SFS abzuleiten, drittens aber auch an der Verfügbarkeit der GMT: Stets waren bzw. sind im Rahmen dieser Sanierungen mehrere Einheiten von verschiedenen Startpunkten aus (Streckenanfang, Streckenende, ggf. auch Zwischen-Ansatzpunkte) im Einsatz, zeitgleich und teilweise sogar parallel auf beiden Richtungsgleisen.

Nach eingehenden Untersuchungen fiel die Entscheidung, die Streckenabschnitte jeweils unter Vollsperrung zu sanieren. Entschieden wurde ferner, auf freier Strecke Großmaschinentechnik einzusetzen, in den Tunneln hingegen konventionell zu bauen. Für die Tunnelbaustellen war ein detailliertes Lüftungs-, Mess- und Überwachungskonzept auszuarbeiten. Alle Vorarbeiten starteten selbstverständlich lange vor Baubeginn. So wurde mit der Erarbeitung des Sperrpau-

8 Lillie, Dirk; Kantorski, Sebastian: Abschlussbericht, a.a.O. (S. 7)

9 Lillie, Dirk; Kantorski, Sebastian: Abschlussbericht, a.a.O. (S. 15)

10 Klügel, Silvio; Lieberenz, Klaus; Nachhaltigkeit und Ökologie im Eisenbahnbau, Eisenbahntechnische Rundschau 2017, Heft 5, S. 26–30; aufgerufen unter https://www.plassertheurer.com/fileadmin/user_upload/Mediathek/Publikationen/ETR_05_2017_Kluegel_Lieberenz_OEkobilanz.pdf; zuletzt aufgerufen am 02.07.2022

senkonzeptes für den 1. Realisierungsabschnitt Hannover–Göttingen (Bau: 2019) bereits 2016 begonnen.

Nachstehende Übersicht mag die in fünf aufeinander folgenden Jahren erbrachten Leistungen verdeutlichen. Die Sanierung der SFS Hannover–Würzburg pausierte nur in jenem Jahr (2020), in dem die SFS Mannheim–Stuttgart auf dem Plan stand.[11]

Abb. 3.18: Übersicht zur ersten großen Sanierung von Schnellfahrstrecken in Deutschland. (Grafik: DB AG)

11 Daten aus diversen baubezogenen Presseinformationen der Deutschen Bahn AG zusammengestellt

SFS Hannover–Würzburg	
1. Bauabschnitt	SFS Hannover–Göttingen
Bauzeit	11.06.2019 – 14.12.2019
Streckenlänge	89 km
Baulänge Gleis	142 km
Brücken	8
Tunnel	9
Weichen	47
Neuschwellen[12]	243.000
Schotter	405.000 t
2. Bauabschnitt	SFS Göttingen–Kassel
Bauzeit	23.04.2021 – 16.07.2021
Streckenlänge	40 km
Baulänge Gleis	75 km
Brücken	4
Tunnel	7
Weichen	48
Neuschwellen	72.000
Schotter	95.000 t (davon 55.000 t recycelt)
3. Bauabschnitt	SFS Fulda–Würzburg
Bauzeit	11.06.2022 – 09.12.2022
Streckenlänge	86 km
Baulänge Gleis	165 km
Brücken	16
Tunnel	20
Weichen	72
Neuschwellen	168.000
Schotter	128.000 t
4. Bauabschnitt	SFS Kassel–Fulda
Bauzeit	01.04.2023 – 10.12.2023
Streckenlänge	85 km
Baulänge Gleis	163 km
Brücken	18
Tunnel	27
Weichen	70
Neuschwellen	196.000
Schotter	372.000 t

12 Der Zahl eingebauter Neuschwellen entspricht die Zahl ausgebauter Altschwellen, von denen nach Möglichkeit und bei entsprechendem Zustand ein erheblicher Anteil auf untergeordneten Strecken weiterverwendet wird; Anmerkung gilt für alle Datenblöcke.

In Summe ging es also bei der Sanierung der Schnellfahrstrecke Hannover–Würzburg (gemäß Planungsstand vor Baubeginn) um

Baulänge Gleis	557 km
Brücken	49
Tunnel	63 mit zusammen 110 km Länge
Weichen	235
Neuschwellen	rund 700.000
Schotter	rund 1.000.000 t

Abb. 3.19: Bei der Sanierung der Schnellfahrstrecken werden erhebliche Schottermengen bewegt, aus- und eingebaut. (Foto: Achim Uhlenhut)

Unabhängig davon wurde im Jahr 2020 die gleich alte Schnellfahrstrecke Mannheim–Stuttgart generalsaniert.

SFS Mannheim–Stuttgart	
Bauzeit	10.04.2020 – 31.10.2020
Streckenlänge	99 km
Baulänge Gleis	190 km
Brücken	90
Tunnel	15
Weichen	54
Neuschwellen	315.000
Schotter	200.000 t

Abb. 3.20: Tausch von Schwellen und Schienen auf der Schnellfahrstrecke unter Vollsperrung, zuvor war das Schotterbett neu aufgebaut worden. Arbeitsrichtung nach links.
(Foto: Achim Uhlenhut)

3.5 Zur Entscheidungsfindung zwischen konventionellem und maschinellem Gleisumbau

Aufgrund der zahlreichen Faktoren, die auf die im Bauplanungsprozess frühzeitig anstehende Entscheidung zwischen konventionellem oder maschinellem Gleisumbau Einfluss haben, ist eine systematische Herangehensweise nicht nur sinnvoll, sondern notwendig. Die Entscheidung hat auf alle nachfolgenden Aktivitäten Einfluss, sie ist grundlegend. Daher ist es erforderlich, sich einer Systematik, eines Leitfadens, eines Regelwerkes zu bedienen. Die Systematik ist ausgearbeitet, der Leitfaden – seitens der DB Netz AG – erstellt. Er nennt an einer Stelle als Aspekt der Investitionsplanung im Vorfeld eines Bauvorhabens auch die Entscheidungskriterien zwischen konventionellem und maschinellem Gleisumbau. Kapazitätsschonendes Bauen ist dann letztlich das logische und nachvollziehbar erreichte Ergebnis einer sorgfältig abwägenden Entscheidungsfindung.

Bei einigen geplanten Bauarbeiten freilich wird von vornherein erkennbar sein, wie zu bauen ist. Bei anderen, eher punktuellen Arbeiten fällt die Entscheidung ebenso klar für das konventionelle Bauverfahren. Dazwischen aber gibt es ein weites Feld möglicher Einflussfaktoren. Sie gilt es zu kennen, zu erkennen, zu bewerten und zu gewichten. Die zwei nachstehend vorgestellten Werkzeuge, identisch angelegt, unterstützen dies. Sie befreien jedoch nicht von der Beachtung der Tatsache, dass es sich hier nicht um einen Algorithmus, ein „Rezept“ oder gar einen Automatismus handelt, sondern eben um ein Hilfsmittel, das ingenieurmäßiges Denken leiten und unterstützen soll.

3.6 Die Entscheidungsmatrix (Zukunftsinitiative Bahnbau)

Die in der Diskussionsrunde mit Vertretern von DB Netz AG und Bundesvereinigung Mittelständischer Bauunternehmen e.V. 2014 formulierten „Technologierahmenbedingungen Oberbau" führten zur Bildung einen Expertenkreises Fahrbahn aus Vertretern der DB Netz AG sowie Vertretern von Mitgliedsbetrieben der BVMB.

Aufbauend auf den formulierten „Technologierahmenbedingungen Oberbau" wurden im Expertenkreis Fahrbahn die „Entscheidungskriterien für den Gleisumbau" systematisch zusammengefasst. Der dafür entwickelte Entscheidungsbaum oder auch die Entscheidungsmatrix ist übersichtlich aufgebaut und berücksichtigt 21 Entscheidungskriterien. Sie sind in vier Prämissen zusammengefasst. Die Matrix liefert keine exakten Richt- oder Grenzwerte, denn die kann es nicht geben. Es geht hier eher um eine Abschätzung der wesentlichen Einflussfaktoren, deren Gewichtung und angemessene Berücksichtigung.

Die grafische Darstellung der Entscheidungsmatrix für den Gleisumbau nennt rechts die vier Prämissen und links daneben die jeweils zugeordneten Kriterien. Einige Kriterien gehören zu zwei Prämissen, auch hier lassen sich oft keine eindeutigen Abgrenzungen konstruieren. Quer über all diese Kriterienbalken gibt es eine „Trennlinie", die die ungefähre Lage der Grenze zur Entscheidung zwischen konventionellem (links) und maschinellem Umbauverfahren (rechts) anzeigt. Manche Kriterien sind demnach klar zuzuordnen, andere in unterschiedlichen Anteilen. So wird beispielsweise bei einem schwierigen Baustellenzugang das Fließbandverfahren gewählt, bei einem Gleismittenabstand von weniger als 3,6 m definitiv der konventionelle Gleisumbau.

Wie erwähnt ist all dies jedoch nur eine Handreichung, eine Entscheidungshilfe, die das Abwägen und Gewichten der einzelnen Entscheidungskriterien letztlich nicht ersetzen kann. Um beim Beispiel zu bleiben: Geringer Gleismittenabstand an sehr schwer zugänglichen Streckenabschnitten wird genaue Überlegungen – selbstverständlich unter Einbeziehung der anderen Kriterien – erfordern. Ein einzelnes Kriterium kann andererseits aber auch ein eindeutiger K.O.-Faktor sein, so etwa, wenn das Fließbandverfahren allein schon wegen der Geometrie einer Großmaschine nicht zur Infrastruktur einer Nebenstrecke passen wird. Eine einfache, eindeutige und dafür in sämtlichen Punkten hundertprozentige Aussage für das eine oder andere Verfahren dürfte letztlich also weiterhin eher die Ausnahme sein. Vielmehr wird Ergebnis von Abwägung und Gewichtung eine Art „Mehrheitsentscheidung" sein, dies aber nun so fundiert und im Ansatz so neutral wie möglich aufgrund sachlich definierter Gesichtspunkte.

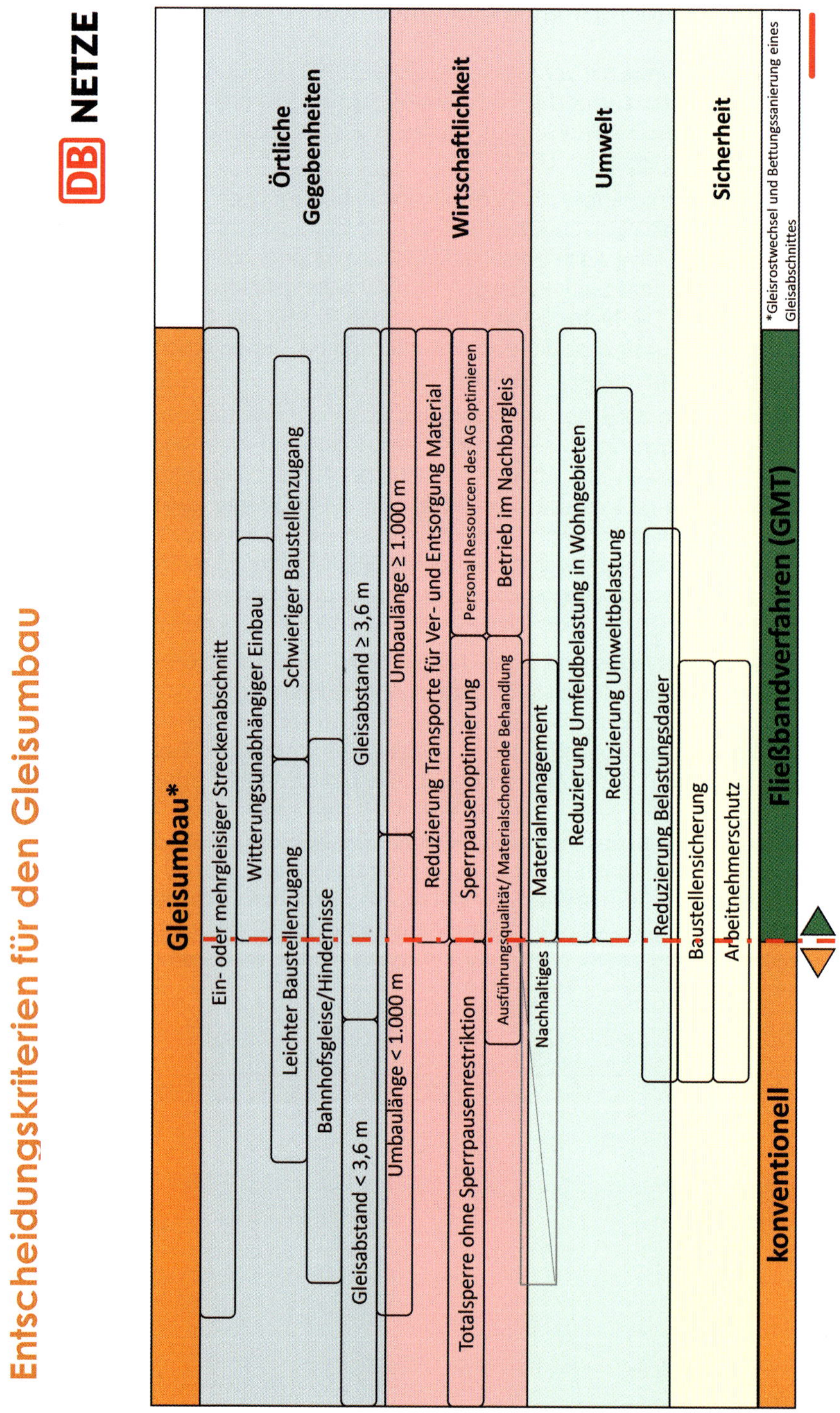

Entscheidungskriterien für den Gleisumbau

DB NETZE

Gleisumbau*

Örtliche Gegebenheiten
Ein- oder mehrgleisiger Streckenabschnitt
Witterungsunabhängiger Einbau
Leichter Baustellenzugang
Schwieriger Baustellenzugang
Bahnhofsgleise/Hindernisse
Gleisabstand < 3,6 m
Gleisabstand ≥ 3,6 m

Wirtschaftlichkeit
Umbaulänge < 1.000 m
Umbaulänge ≥ 1.000 m
Reduzierung Transporte für Ver- und Entsorgung Material
Totalsperre ohne Sperrpausenrestriktion
Sperrpausenoptimierung
Personal Ressourcen des AG optimieren
Ausführungsqualität/ Materialschonende Behandlung
Betrieb im Nachbargleis

Umwelt
Nachhaltiges Materialmanagement
Reduzierung Umfeldbelastung in Wohngebieten
Reduzierung Umweltbelastung

Sicherheit
Reduzierung Belastungsdauer
Baustellensicherung
Arbeitnehmerschutz

konventionell
Fließbandverfahren (GMT)

*Gleisrostwechsel und Bettungssanierung eines Gleisabschnittes

Abb. 3.21: Die Entscheidungsmatrix für die Verfahrensauswahl zum Gleisumbau. (Grafik: DB Netz AG)

3.7 Darstellung im Leitfaden der DB AG/DB Netz AG

Diese Matrix fand nachfolgend auch Aufnahme in den Leitfaden der Deutschen Bahn AG. Hier bildet sie einen von vielen Unterpunkten in Bezug auf den „Investitionsplanungsprozess Oberbau“. Der begleitende Text erläutert: „Im Rahmen der Vorbündelung und Erstkalkulation [...] ist für Gleisarbeiten im Rahmen von Ersatzinvestitionen je nach Baustellenspezifika die Wahl des Umbauverfahrens zu treffen. Aspekte wie die örtlichen Gegebenheiten, die Wirtschaftlichkeit, der Umweltschutz sowie Arbeitssicherheit beeinflussen im Wesentlichen die Wahl zwischen dem konventionellen Umbau und dem Umbau mit Fließbandtechnik.“[13]

Auf die Kriterien, die Abwägung und die praktische Durchführung wird im Leitfaden nicht näher eingegangen. Es heißt dort lediglich zur Matrix: „Bei der Auswahl können u. a. die aufgeführten Kriterien zu den örtlichen Gegebenheiten herangezogen werden:

- ein- oder mehrgleisiger Abschnitt
- Schwierigkeitsgrad des Zugangs
- Bahnhofsgleise/Hindernisse
- Gleisabstände
- Umbaulängen <1000 m/≥1000 m“

Das weist indirekt darauf hin, dass auch noch andere Kriterien neben diesen Haupt-Gesichtspunkten Einfluss haben können, sie sind ohne nähere Erläuterung der Matrix zu entnehmen. Weiter heißt es im Leitfaden, die Verfahrensauswahl sei einer der Schwerpunkte, die „auf die Maximierung der Netzkapazität“ einzahlen und „die Rolle der DB Netz AG im Rahmen der Strategie »Starkes Netz« und der Strategie »Starke Schiene Deutschland«“ stärken. Herausgestellt wird die Rolle des Leitfadens (und damit auch der in ihm enthaltenen Entscheidungsmatrix) „als operative Handlungshilfe“.[14]

Auf die umfangreichen sonstigen Angaben und Abläufe im „Leitfaden Investitionsplanungsprozess Oberbau“ soll hier nicht weiter eingegangen werden. Einzelne Prozesse beginnen bereits zehn Jahre vor Baubeginn. Fünf bis drei Jahre vor Baubeginn sollte die Entscheidung über das Bauverfahren demnach im Falle der Infrastruktur von DB Netz fallen.

13 DB Netz AG, Leitfaden Investitionsplanungsprozess Oberbau, a.a.O. (S. 12)
14 DB Netz AG, Leitfaden Investitionsplanungsprozess Oberbau, a.a.O. (S. 3)

4 Argumente pro Großmaschineneinsatz

Die Argumente, die für den Großmaschineneinsatz und somit für den maschinellen Gleisumbau – wenn möglich – sprechen, stellten die Technologierahmenbedingungen Oberbau der BVMB bereits 2014 anschaulich zusammen. Der effiziente und nachhaltige Gleisumbau ist dabei auch vor dem Hintergrund einer strategischen Neuausrichtung beim größten deutschen Betreiber von Bahninfrastruktur, der DB Netz AG, zu sehen.

Mit der Unterstützung einer objektivierten Verfahrensauswahl als Beitrag zur Strategie DB2020 verfolgte die BVMB insbesondere vier Ziele:

- Gesteigerter Kundennutzen beim Infrastrukturbetreiber durch Erhöhung der Verfügbarkeit des Fahrweges und Verbesserung der Sperrpausenproduktivität
- Klima – Verbesserung der Ökobilanz der Baustelle durch Ressourcenschonung
- Mitarbeiterzufriedenheit und Anwohnerakzeptanz durch die Reduzierung von Bau- und Einsatzzeiten
- Ergebnisverbesserung durch eine Kostenreduktion als Folge der Verlängerung von Nutzungszeiten und Stopfzyklen.

Dabei sprechen nach Auffassung der Beteiligten der Bauwirtschaft eindeutig die Vorteile für den maschinellen Gleisumbau, wie die näheren Erläuterungen zu den vier Punkten zeigen. Dennoch wird es immer Aufgabenstellung im Planungsprozess sein, unter Abwägung der Prämissen und Kriterien eine valide Entscheidung zu treffen. Auch die konventionelle Bauweise wird unter Umständen sinnvoll sein – weshalb die eingehende und fundierte Entscheidungsfindung unumgänglich ist.

4.1 Gesteigerter Kundennutzen

Der gesteigerte Kundennutzen beim Infrastrukturbetreiber durch Erhöhung der Verfügbarkeit des Fahrweges und Verbesserung der Sperrpausenproduktivität lässt sich durch Erfahrungswerte untermauern. Nach Angaben aus dem Expertenkreis Fahrbahn der BVMB könnten laut interner Untersuchung anhand von Ausschreibungen für Gleisumbauten im Jahre 2010 durch Großmaschineneinsatz bei zwei von fünf Umbaumaßnahmen (40 %) die Sperrpausenzeiten bis zur Hälfte reduziert werden. Diese Reduzierung der Sperrzeiten um bis zu 50 % wird durch das Fließbandverfahren möglich, da – nach den Unterlagen der BVMB – im reinen Gleisumbau ein Schnellumbauzug bis zu 350 m/h erzielen kann, mit Bettungsreinigung bis zu 280 m/h und mit Planumsverbesserung durch entsprechenden Maschineneinsatz immer noch 40 bis 70 m/h. Die Verfügbarkeit des Fahrweges steigt – nach Untersuchungen der ÖBB – zusätzlich durch den Faktor gesteigerter Umbauqualität und verlängerter Stopfzyklen.

Weniger Einschränkungen für Reisende

In der neuen Leistungs- und Finanzierungsvereinbarung III ist erstmals ein extra Budget für kundenfreundliches Bauen hinterlegt. Über eine Milliarde Euro stehen dafür bis 2030 zur Verfügung.

Deutsche Bahn AG,01/2020

Abb. 4.1: Großmaschineneinsatz ermöglicht kürzere Bauzeiten und damit Vorteile für alle Bahnkunden, im Güter- wie im Personenverkehr. (DB AG/Infografik: Paula Klattenhoff)

Nicht zu vergessen ist auch der einfache und offensichtliche Tatbestand, dass bei Verwendung des maschinellen, gleisgebundenen Umbauverfahrens auf zweigleisigen Strecken eine Aufrechterhaltung des Betriebes – wenn auch eingeschränkt und abhängig von den örtlich geltenden Vorschriften – im Nachbargleis möglich ist.

Abb. 4.2: Großmaschineneinsatz auf zweigleisiger Strecke – Umleitungen sind vermeidbar und der ICE kann weiter passieren, wenn auch mit verminderter Geschwindigkeit.
(Foto: DB AG/Christian Bedeschinski)

Kürzere Sperrpausen führen nicht nur zu einer schnelleren Freigabe des betroffenen Streckenabschnittes und einer Verringerung der mit einer Sperrung verbundenen Erschwernisse, sie ermöglichen auch insgesamt gesehen die Durchführung von mehr Baumaßnahmen. Gerade vor dem Hintergrund stark steigender Sanierungs- und Ersatzbedarfe an Brückenbauwerken ist dies eine nicht zu vernachlässigende Größe.

4.2 Verminderte Klimawirksamkeit

Die Ökobilanz jeder Baustelle lässt sich durch Schonung der einzusetzenden Ressourcen und selbstverständlich auch der Umgebung verbessern. Verminderter Material- und Energieeinsatz wird zur Erreichung von Klimazielen beitragen. Da stellt sich die Frage, wie die Klimawirksamkeit der beiden Bauverfahren einzuschätzen ist. Auf den ersten Blick ist dies aufgrund der vielfältigen Tätigkeiten und der einzusetzenden Antriebe nicht eindeutig erkennbar.

Im Jahr 2014 hat die GEPRO Ingenieurgesellschaft mbH, Dresden, einen Bericht „Öko-Bilanz bei der Unterbausanierung" vorgelegt.[1] Vergleichend untersucht wurden konventioneller und maschineller Gleisumbau (hier „gleisloser und gleisgebundener Einbau" genannt), und dafür im Detail

- die Berücksichtigung von Natur und Landschaft,
- die Schonung von Ressourcen,
- die Einsparung von Material, Transporten und Energie,
- die Reduzierung von Emissionen.

Werkzeug zur Erfassung der Nachhaltigkeit ist die Ökobilanz. Zusätzlich wird eine Wirkungsbilanz aufgestellt, eine Auswahl der umweltrelevanten Wirkungen zur Erfassung von Umweltverbrauch und Umweltbelastung. Wirkungskategorien sind dabei

- Ressourcenverbrauch (mit Wirkungsindikator Primärenergie)
- Naturraumbeanspruchung
- Treibhauseffekt (mit Wirkungsindikator CO_2-Äquivalent)
- Abbau der Ozonschicht
- Versauerung
- Eutrophierung
- Ökotoxizität
- Humantoxizität (mit Wirkungsindikator Feinstaubbelastung)
- Photo- oder Sommersmog
- Lärmbelästigung

Der direkte, detaillierte Vergleich zweier Baustellen gleicher Länge (5 km) und beider Umbauverfahren zeigte, dass – ohne hier auf Details wie Strecke und Maschineneinsatz näher einzugehen – bei gleisgebundenem, maschinellem Gleisumbau mit Großmaschinentechnik 25 % weniger Dieselkraftstoff im Vergleich zum konventionellen, nicht gleisgebundenen Umbau verbraucht werden. Im konkreten Fall waren es hinsichtlich Primärenergiebedarf mit Anfahrt zur Baustelle 152.190 Liter Diesel (Großmaschinen) gegenüber 210.603 Liter Diesel (konventioneller Gleisumbau). Entsprechend verringern sich die Emissionen und hier besonders deutlich der klimawirksame Ausstoß von Kohlendioxid: rund 460 t CO_2-Äquivalent gegenüber rund 635 t CO_2-Äquivalent.

1 Klügel, Silvio; Lieberenz, Klaus; Ökobilanz bei der Unterbausanierung, Vortrag anlässlich der IGU-Tagung, Erfurt 2014; PDF des Vortrages

Die Möglichkeit der direkten Schotteraufbereitung bei Großmaschineneinsatz – auch dies ein gewichtiger Betrag zur Ressourcenschonung – kommt unter Umständen bei der Verbesserung der Gesamtbilanz noch hinzu. Dabei wird der gereinigte, neu gebrochene Schotter zum Teil erneut eingebaut, zusammen mit Neuschotter oder – die geeigneten, ausgesiebten Bestandteile – in der Planumsschutzschicht. Die Einsparung an Neumaterial beträgt nach Erkenntnissen der BVMB bis zu 50 %, was neben der direkten Ressourcenschonung auch erheblich weniger Transporte in der gesamten Logistikkette bedeutet und eine sehr signifikante Minderung der damit verbundenen Belastungen nach sich zieht.

Der Vollständigkeit halber wurde darauf hingewiesen, dass weitere Eingangsgrößen wie

- Schienenersatzverkehr
- Dauer der Baustelle
- Umleitungen Busse usw.
- Lärmemission
- Straßenverschmutzung/Straßenreinigung
- Naturraumbeanspruchung
- Staubentwicklung der Bauverfahren

in der Wirkbilanz noch gar nicht berücksichtigt wurden. Keinen Einfluss haben konnte auch, dass Großmaschinen im Sinne des Werterhalts durchaus modernisiert und dann auch antriebsseitig optimiert werden, während bei Straßenbaufahrzeugen gelegentlich auch ältere, abgeschriebene Fahrzeuge und Geräte für untergeordnete Aufgaben noch eingesetzt werden. Die Umweltwirkungen liegen auf der Hand.

4.3 Zeitbedarf

Der genaue Zeitbedarf für die Abwicklung von Bauarbeiten gleich welcher Art ist höchst individuell und von einer Vielzahl von Einflussfaktoren abhängig. Insofern kann auch ein Vergleich des Zeitbedarfes bei der Erledigung einer Aufgabe im konventionellen Gleisumbau oder mit Großmaschineneinsatz nur eine Näherung darstellen, die eine Abschätzung nur ansatzweise erlaubt. Ein vorliegender Stundenvergleich zeigt aber zumindest die ungefähre Größenordnung in einem dokumentierten Fall auf. Zwar sind die Zahlen exakt ermittelt, doch können sie eben wegen der Vielzahl der Einflussfaktoren nur exemplarisch und qualitativ einander gegenübergestellt werden.[2]

Einfacher Stundenvergleich konventioneller Umbau/maschineller Gleisumbau

- Eckdaten des Beispiels[3]:
- Baulänge 3.000 m
- neues Gleis und vollständige Bettungserneuerung
- zweigleisige Strecke
- mit Sperrung Nachbargleis
- ohne Berücksichtigung der Stopf-, Schweiß- und Nebenarbeiten (unter anderem für Einschottern und dgl., Sicherung), da bei beiden Umbauverfahren gleich

2 Daten des nachfolgenden Vergleichs nach einer Aufstellung des Unternehmens Schweerbau aus dem Jahr 2012
3 Basisdaten zum nachfolgenden Vergleich nach o. g. Aufstellung des Unternehmens Schweerbau aus dem Jahr 2012

Konventioneller Umbau	**Personal**	**Schichten**	**Schicht-dauer**	**Mann-stunden**	**Logistik Lokschichten**
Schienen entladen	2,0	1,0	9,0 h	18,0 h	1,0
Gleisausbau	9,0	5,0	11,0 h	495,0 h	5,0
Schotterausbau	4,0	6,3	11,0 h	275,0 h	12,5
Schottereinbau	6,0	5,6	11,0 h	366,7 h	11,2
Gleiseinbau	10,0	8,3	11,0 h	916,7 h	8,3
Verladen Altstoffe	5,0	2,0	11,0 h	110,0 h	2,0
Summe				**2181,3 h**	**40,0**

Maschineller Umbau	**Personal**	**Schichten**	**Schicht-dauer**	**Mann-stunden**	**Logistik Lokschichten**
Schienen entladen	2,0	1,0	9,0 h	18,0 h	1,0
Schotter beiziehen	1,0	1,5	9,0 h	13,5 h	–
Bettungsausbau RM	11,0	3,0	11,0 h	363,0 h	4,0 i
Kleineisen lösen	8,0	1,5	10,0 h	120,0 h	–
Gleisumbau UM	18,0	2,0	11,0 h	396,0 h	3,0
Kleineisen verspannen	8,0	2,0	8,0 h	128,0 h	–
Altschienen verladen	2,0	1,0	9,0 h	18,0 h	1,0
Summe				**1056,5 h**	**9,0**

Auf den ersten Blick sieht es so aus, als sei der maschinelle Gleisumbau deutlich aufwendiger, doch beansprucht schon bei der eher knappen Betrachtung in diesem Beispiel der konventionelle Gleisumbau die mehr als doppelte Arbeitszeit der eingesetzten Kräfte und sogar die mehr als vierfache Einsatzzeit bei der Lokomotiv-Logistik.

4.4 Mitarbeiterzufriedenheit und Kundenakzeptanz

Zwei nicht leicht messbare Faktoren sind Mitarbeiterzufriedenheit und Kundenakzeptanz. Beides lässt sich über Befragungen einschätzen. Eine direkte Einflussgröße auf die Zufriedenheit beider Betroffenengruppen dürfte aber die Reduzierung von Arbeitsschichten, und dabei insbesondere Wochenendschichten, bei Großmaschineneinsatz sein. Anlieger der Baustelle profitieren zudem beim gleisgebundenen, maschinellen Gleisumbau von der deutlich reduzierten Umfeldbelastung durch Transporte auf der Straße und den gegebenenfalls möglichen Verzicht auf die Anlage temporärer Baustraßen. Daneben ergeben sich durch kürzere Bauzeiten Minderungen des Baulärms. In der Dauer spürbar verringert werden auch Signalhorn-Töne und die Geräusche automatischer Zugwarnanlagen an den Maschinen, erforderlich als Warnungen vor den Gefahren des Eisenbahnbetriebs. Diese Minderungen sind geeignet, auch bei Nichtnutzern der Bahn die Akzeptanz erforderlicher Baumaßnahmen deutlich zu verbessern.

4.5 Zusammenfassung und nächste Schritte

In den Technologierahmenbedingungen Oberbau fassen die Vertreter der Bundesvereinigung Mittelständischer Bauunternehmen e. V. BVMB die Erkenntnisse folgendermaßen zusammen: Vorteile der gleisgebundenen Umbautechnologie, auch maschineller Gleisumbau oder Fließbandverfahren genannt, sind:

- Erhöhung der Verfügbarkeit des Gleises und Verbesserung Sperrpausenproduktivität, dadurch sind mehr Betrieb und/oder mehr Baustellen möglich
- Minderung von Primärenergieverbrauch und CO_2-Ausstoß, geringerer Verbrauch von Neustoffen
- Längere Liegedauer des Oberbaus
- Verlängerung der Stopfzyklen (Reduzierung von Instandhaltungs- und Sperrpausenbedarf)
- Begrenzung von Arbeitsschichten sowie der Umfeldbelastung durch Wegfall von Transporten

Die Vertreter der BVMB empfahlen 2014 in den Technologierahmenbedingungen Oberbau unter zusammenfassender Berücksichtigung vorstehender Faktoren zum weiteren Vorgehen bei der Verfahrensauswahl:

- maschineller Gleisumbau bei Umbaulängen ab 1000 m – führt zu höherer Verfügbarkeit der Eisenbahninfrastruktur
- Umbaumaßnahmen mit mehr als 1000 m Länge seien auf Basis des Fließbandverfahrens einschließlich Logistikkonzept zu planen und auszuschreiben – die Schnittstellenoptimierung verbessert die Wirtschaftlichkeit der Baustelle
- zur Sperrpausenoptimierung sind Ausschreibung und Vergabe etwa zweieinhalb Jahre vor Baubeginn (n–2½) durchzuführen
- Wertungskriterium müssten dabei neben dem Preis auch die Ökobilanz der Baustelle (Beispiel: CO_2-Reduzierung) und die Wirtschaftlichkeit der Baustelle über die Lebensdauer sein
- langfristige Rahmenverträge für Umbaumaßnahmen im Fließbandverfahren schaffen Planungssicherheit und Wirtschaftlichkeit aller Vertragspartner.

Die darüber hinaus empfohlenen ersten Schritte

- Bildung einer Expertengruppe aus Experten der DB AG/DB Netz AG und der Bauwirtschaft zur Erarbeitung und Weiterentwicklung wirtschaftlicher Konzepte zur Planung, Ausschreibung und Durchführung von Gleisbaustellen nach ökonomischen und ökologischen Anforderungen
- regelmäßiger Erfahrungsaustausch zwischen den Experten unter Einbeziehung der Maschinenhersteller zur innovativen Weiterentwicklung von Verfahren und Technologien im Oberbau

dürften inzwischen weitestgehend umgesetzt sein.

5 Entscheidungen in der Projektphase

5.1 … aus Sicht des Infrastrukturbetreibers und die Bauarbeiten Ausschreibenden

Für den Betreiber der Bahninfrastruktur ist die frühzeitige und zutreffende Entscheidung zwischen konventionellem Gleisumbau und Großmaschineneinsatz Grundlage der Ausschreibung – sofern nicht verfahrensneutral ausgeschrieben wird (siehe 5.3). Zwar werden die Beweggründe möglicherweise variieren und es kann weitere geben, aber es sind doch gewisse Entscheidungskriterien bekannt und hier fixiert, die rein sachlich direkten Einfluss auf die Wahl des auszuschreibenden Bauverfahrens haben. Diese Eingangsgrößen der Verfahrensauswahl werden in den nachfolgenden Kapiteln näher umrissen. Auf der Berechnungsgrundlage Gleiskilometer geben Lillie/Kantorski[1] an, dass der Anteil konventioneller Arbeiten bei den Ausschreibungen laut Bericht von 2014 bei der DB Netz AG zwischen 30 und 50 % lag – allerdings variierte dies je nach Region sehr deutlich zwischen 10 und 90 %. In einer Umfrage von Lillie/Kantorski gab es sogar die Aussage, im Bahnhof werde stets „100 % konventionell und auf der Strecke 100 % maschinell“ gearbeitet.

1 Lillie, Dirk; Kantorski, Sebastian: Abschlussbericht, a.a.O. (S. 9)

5.2 … aus Sicht des Instandhalters und sich um die Ausführung Bewerbenden

Ein Bauunternehmen wird sich um ausgeschriebene Arbeiten bewerben, wenn sie zu seinen Fähigkeiten und Möglichkeiten passen. Abgesehen davon, dass benötigte Maschinen auch räumlich wie zeitlich verfügbar sein müssen, wird er sich allein schon angesichts von Kosten und Zeitaufwand kaum an Ausschreibungen beteiligen, die nicht mit seinem Portfolio harmonieren. In seltenen Fällen wird möglicherweise auch abzuwägen sein, ob eine Großmaschine für die Dauer der Bauarbeiten angemietet wird, ob gegebenenfalls mit Mitbewerbern in einer Arbeitsgemeinschaft zu kooperieren sein könnte – siehe das Beispiel der Sanierung von Schnellfahrstrecken in Deutschland – oder ob es sich angesichts weiter absehbarer Aufträge langfristig lohnen könnte, in eine neue Technik, in eine neue Großmaschine zu investieren. Ohne solche weitsichtigen wie folgenreichen Entscheidungen hätte es manche Großmaschine, oft speziell an die individuellen Bedürfnisse und Wünsche des Bestellers angepasst, nie gegeben. Manche Veränderung oder Ergänzung des Grundkonzepts einer Großmaschinentype zog direkte Folgeinnovationen nach sich. Doch ein kompletter Gleisumbauzug oder eine Bettungsreinigungsmaschine, zudem mit individueller Ausprägung, stellen eine ganz erhebliche Investition dar. Sie wollen langfristig sinnvoll eingesetzt und gut ausgelastet sein, im In- und wenn möglich auch im Ausland. Stets aber dürfte ein erster, konkreter Großauftrag Auslöser der Beschaffungsentscheidung gewesen sein. Das gilt entsprechend auch für eine Modernisierung der bereits vorhandenen Großmaschine. Dies wird nicht nur werterhaltend und nachhaltig sein, sondern auch wirtschaftlich interessant. Auch für eine solche Modernisierung von Großmaschinentechnik im Rahmen einer Hauptuntersuchung gibt es bereits Beispiele.

Die Entscheidungsmatrix kann zu häufigerer gezielter Ausschreibung und Bewerbung sowie dann zu verstärktem Einsatz von Großmaschinentechnik führen. Sie kann aber auch dazu beitragen, inadäquate, unangemessene und wirtschaftlich letztlich unsinnige Einsätze gar nicht erst für GMT auszuschreiben. Laut Lillie/Kantorski[2] gaben Bauunternehmen andererseits auch an, dass ein steigender Anteil konventioneller Gleisumbauten darin begründet war, dass zeitweise ein hoher Anteil an Bahnhofsgleisen erneuert wurde, „bei denen aufgrund der Umbaulängen und der hohen Anzahl an Hindernissen (Bahnsteige, Kabel, Fundamente, Weichen, Bahnübergänge) die konventionelle Technik im Vorteil ist“. So können sich zeitweise durchaus Bahnhofssanierungen und Arbeiten an Schnellfahrstrecken einander gegenüberstehen und für beide wird das zutreffende Bauverfahren zu wählen sein. Da ist es nur von Vorteil, wenn die Ausschreibungen schon in die richtige Richtung weisen, eben in diesen Fällen nicht verfahrensneutral ausgeschrieben wird.

5.3 … aus Sicht der mittelständischen Bauwirtschaft

Mit ihrer Mitwirkung an den Untersuchungen zur Verfahrensauswahl bei Kapazitätsschonendem Bahnumbau wollte die Bundesvereinigung Mittelständische Bauunternehmen e. V. (BVMB) – unter anderem – die Strategie DB2020 der Deutschen Bahn AG unterstützen. Nach Wahrnehmung der Bauunternehmen mangelte es bei der DB Netz AG an einer strategischen Aussage und der fachlichen Festlegung, wann Großmaschinentechnik und wann konventionelle Umbauverfahren zum Einsatz kommen.

2 Lillie, Dirk; Kantorski, Sebastian: Abschlussbericht, a.a.O. (S. 10)

Das zu wählende Bauverfahren wurde stattdessen nicht selten durch einzelne Akteure vor Ort festgelegt. Beweggründe waren dabei neben sachlichen durchaus auch regionale Besonderheiten oder persönliche Präferenzen, die sich aus der Erfahrung, manchmal aber auch aus Unsicherheit oder Unwissen des Entscheiders ergaben. Letztlich überwog nach Erhebungen unter Experten aus der Bauwirtschaft BVMB der Anteil des konventionellen Bahnumbaus in der Praxis deutlich. Das mag nicht zuletzt darin begünstigt gewesen sein, dass die Ausführung einer Umbauleistung bislang in der Regel baubetrieblich verfahrensneutral geplant und ausgeschrieben wurde.[3] Konkretere Vorgaben in den Ausschreibungen erleichtern jedoch allen Beteiligten den weiteren Ablauf, sparen Zeit und Kosten – Ausschreibungen sind immer aufwendig und teuer. Gezielte Ausschreibung mit eindeutiger Leistungsbeschreibung schafft mehr Chancengleichheit im Wettbewerb und Kostensicherheit. Auch das ist Kapazitätsschonung.

3 Lillie, Dirk; Kantorski, Sebastian: Abschlussbericht, a.a.O. (S. 11)

6 Eingangsgrößen der Verfahrensauswahl

Für die Verfahrensauswahl gibt es viele unterschiedliche Einfluss- oder auch Eingangsgrößen. Sie müssen für jedes Bauvorhaben umfassend überprüft und abgewogen sowie sich ergebende Fragen beantwortet werden.

6.1 Drei Kriteriengruppen

Lillie/Kantorski[1] nennen drei „Hauptcluster mit einer großen Anzahl an Unterclustern", von denen sie beispielhaft anreißen:

Betrieb

- Netzcharakteristik
- Anzahl Gleise
- Umfahrungsmöglichkeiten
- Gleiswechselbetrieb (Überleitverbindungen, Sicherungstechnik)
- Signalisierter Falschfahrbetrieb
- Betriebsart (Fern-, Nah-, Güterverkehr)
- Streckenbelastung
- Voll-/Totalsperrung
- Gewährte Sperrpausen
- Anlagenverfügbarkeit
- Betriebserschwerniskosten (BEK)
  - Verspätungsminuten
  - Anschlusssicherung
  - Umleitungen (Fahrzeitverlust, Trassenerlöse)
  - Schienenersatzverkehr
  - Verlängerung von Einsatzzeiten (Fahrdienstleiter)
  - Trassenkosten für Umleitungsverkehre

Bau

- Bauverfahren
  - Maschinen (Leistung, Flexibilität)
- Baukosten
- Bauqualität
- Hindernisse (Brücken, Bahnübergänge, Fundamente)

Logistik

- Logistikgleise (Anzahl, Länge, Entfernung)
- Lagerplätze (Ort, Größe, Anzahl)
- Baustraßen und Baustellenzufahrten

Zu beachten ist, dass einzelne der „Untercluster" sich gegenseitig bedingen, beeinflussen oder sogar einander widersprechen können. Bei der Logistik wären noch Übergabestellen als Kriterium hinzuzufügen.

1 Lillie, Dirk; Kantorski, Sebastian: Abschlussbericht, a.a.O. (S. 3f.)

Daher muss „für jede einzelne Baustelle das Optimum im baubetrieblichen Planungsprozess gefunden werden"[2]. Die Autoren nennen ein Beispiel: Konventioneller Gleisumbau und Bettungserneuerung sind ohne zweites Gleis möglich (Cluster Betrieb). Doch müssen dann für die Baustoffe genügend gleisnahe Lagerplätze wie auch Zufahrts- und Baustraßen vorgehalten werden (Cluster Logistik). Ebenfalls ein Logistikthema ist das aufgrund der Zwischenlagerung dann häufigere „Anfassen" und Umladen der Baustoffe, „wobei die Wahrscheinlichkeit einer Beschädigung mit jedem Umladen steigt (Cluster Bau, Bauqualität)". Besonders empfindlich sind in dieser Hinsicht Schienen und Weichen.

Abb. 6.1: Baubedingte Umleitungen – wie hier des ICE-Verkehrs – verlängern zwar die Fahrzeiten, helfen aber, das Verkehrsangebot weitgehend sicherzustellen. Sie sind nur eine von vielen Einflussgrößen bei der Bauplanung. (Foto: Achim Uhlenhut)

6.2 Die vier Kriteriengruppen der Matrix

Die Einfluss- oder auch Entscheidungskriterien werden in dieser Schrift nachstehend abweichend zum vorstehend Genannten den Gruppen

- **örtliche Gegebenheiten**
- **Wirtschaftlichkeit**
- **Umwelt**
- **Sicherheit**

zugeordnet und zusammengefasst, ganz so wie es auch die Entscheidungsmatrix von BVMB und DB Netz AG vorsieht. Dies soll der unmittelbaren Anwendung und besseren Übertragbarkeit dienen. Hinzu kommen dann noch einige weitere Entscheidungskriterien.

2 Lillie, Dirk; Kantorski, Sebastian: Abschlussbericht, a.a.O. (S. 4)

7 Entscheidungskriterium: Örtliche Gegebenheiten

Die örtlichen Gegebenheiten sind durch die vorgefundene Infrastruktur – nicht nur jene der eigentlichen Strecke – wie auch die Topografie vorgegeben. Kurz gefasst geht es hier um Streckenparameter, Lage und Umgebung sowie Zugangsmöglichkeiten. Hier ordnet die Matrix acht der insgesamt 21 Kriterien zu, teilweise sich gegenseitig ausschließend.

7.1 Ein- oder mehrgleisiger Streckenabschnitt

Da beim Einsatz von Großmaschinentechnik die Materiallogistik über das Baugleis – in Arbeitsrichtung vor und hinter der Umbaumaschine – durchgeführt wird, bietet sie sich bei Vollsperrung auch für eingleisige Streckenabschnitte an. Bei zweigleisigen Abschnitten wird das zweite Gleis für den aufrecht erhaltenen Betrieb genutzt. Dabei sinkt zwar die Kapazität, aber es kann beispielsweise von zwei Regionalverkehrslinien wenigstens eine im Gleiswechselbetrieb weiter angeboten werden. Entsprechend gilt dies auch im Güter- und Fernverkehr, wobei das Ausweichen auf andere Strecken oder weiträumige Umwegführungen vermeiden kann, sofern die Leistungsfähigkeit des eingleisigen Streckenabschnittes das geforderte Betriebsprogramm aufnehmen kann. Kurz: Der Einsatz eines Fließbandverfahrens auf einem Gleis erlaubt

- die Abwicklung der Baustelle ohne Einschränkung der Leistungswerte,
- eine Aufrechterhaltung des Bahnbetriebes auf dem anderen Gleis, wenn auch mit gewissen Leistungseinschränkungen und abhängig von den örtlich geltenden Vorschriften.

Abb.7.1: Zweigleisigkeit und Großmaschineneinsatz ermöglichen eine Aufrechterhaltung des Bahnbetriebes. (Foto: Achim Uhlenhut)

Für den konventionellen Gleisumbau werden in der Regel (mindestens) zwei parallele Gleise benötigt. Hier werden sowohl Materialtransport als auch der eigentliche Umbau dann unter Einsatz von Zweiwegebaggern (auf dem zweiten Gleis) von der Seite ausgeführt. Ideal dafür sind sogar drei Gleise mit dem Baugleis in der Mitte, „was allerdings meist nur in Bahnhöfen oder Abstellanlagen vorliegt“[1]. Alternative ist eine parallele Baustraße über die gesamte

1 Lillie, Dirk; Kantorski, Sebastian: Abschlussbericht, a.a.O. (S. 19)

Baulänge, der beispielsweise eine zu geringe Breite der Dammkrone oder eines Einschnittes und auch angrenzende Vegetation oder Bebauung sehr eindeutig entgegenstehen können. Bei einem konventionellen Umbau „vor Kopf" auf nur einem Gleis hingegen müssen Baustoffe aufgrund der unweigerlich erforderlichen Zwischenlagerung mehrfach angefasst werden (vgl. Abschnitt 8.5). Nicht zu vergessen ist, dass jede Baustraße Anbindungen an das Straßennetz erfordert und oft auch zusätzliche Umlade- und Lagerplätze, die weiteres Gelände benötigen. Es muss nach Abschluss aller Arbeiten wieder hergerichtet und rekultiviert werden.

Im Allgemeinen wird das konventionelle Umbauverfahren dann angewendet, wenn mindestens zwei nebeneinander liegende Gleise für den Umbau genutzt werden können, was dann wegen der Bauzüge für die Materiallogistik dennoch mindestens temporäre Leistungseinbußen beim Bahnbetrieb – bis zur Vollsperrung – zu Folge hat.

Die Ein- oder Mehrgleisigkeit der Strecke ist das einzige Kriterium der Entscheidungsmatrix, bei dem keine klare „Entweder/oder"-Grenze zwischen konventionellem und maschinellem Gleisumbau definiert ist.

7.2 Witterungsunabhängiger Einbau

Witterungseinfluss auf die Verfahrensauswahl ist nicht aus der Wettervorhersage abzuleiten, zumal die Entscheidung rund fünf Jahre vor Baubeginn zu treffen ist. Vielmehr beeinflusst die Tragfähigkeit des Unterbaus sowie die Länge der Bauabschnitte die Auswahl des Verfahrens. Hier ist die Witterung mittelbar beteiligt: Die über die Maschinen eingebrachten Belastungen müssen vom Planum aufgenommen und entsprechend abgetragen werden können. Im Falle von Niederschlagsereignissen verändert sich die Tragfähigkeit des vorgefundenen Bodens abhängig von seiner Beschaffenheit. Vor allem bei bindigen Böden wie Schluff oder Lehm führt die bei Regen naturgemäß unkontrollierte „Zugabe" von Wasser zu einer Reduktion der Tragfähigkeit. Das Phänomen von Dammrutschungen nach Starkregen ist als Extremfall bekannt.

Wird das freigelegte Planum – im Falle des konventionellen Bauverfahrens – im Zuge der Bauarbeiten direkt mit Rad- und Kettenfahrzeugen befahren, ist auf die stets und unter allen Umständen ausreichende Tragfähigkeit des Planums zu achten. Die anderenfalls mögliche Bildung ungleichmäßiger Setzungen wie beispielsweise sogar sichtbaren „Spurrillen" hat definitiv negative Auswirkungen auf die Ausführungsqualität und damit auf die Lebensdauer der bearbeiteten Infrastruktur. Mangelnde Tragfähigkeit im Zusammenspiel mit Witterungseinflüssen erschwert also den Einsatz konventioneller Bauverfahren. Mit dem Fließbandverfahren des maschinellen Gleisumbaus bietet sich hier eine technische alternative Lösung, die den genannten Beeinträchtigungen und ihren Folgen grundsätzlich vorbeugt.

Lillie/Kantorski konnten aus den ihrer Ausarbeitung zugrunde liegenden Befragungen verschiedener Akteure jedoch keine witterungsabhängigen Kriterien ableiten: „Zum Einfluss der Witterung auf die Verfahrenswahl wurde entgegen der Literatur von den Gesprächspartnern aus der Baupraxis keinem der beiden Verfahren klare Vor- und Nachteile eingeräumt"[2]. Das kann allerdings darin begründet sein, dass Langfristfolgen kaum in die Erfahrungen einfließen werden.

Die Entscheidungsmatrix verortet den witterungsabhängigen Einbau eindeutig bei den maschinellen Bauverfahren. Ist die Tragfähigkeit des Untergrundes gänzlich unabhängig von Witterungseinflüssen, so ist auch konventioneller Gleisumbau möglich.

2 Lillie, Dirk; Kantorski, Sebastian: Abschlussbericht, a.a.O. (S. 15)

7.3 Baustellenzugang leicht/schwierig

Die Erreichbarkeit der Baustelle im Sinne der Baulogistik und somit der Baustellenzugang beeinflussen die Abwicklung der Baustelle während der gesamten Bauzeit. Hierbei geht es primär um den An- und Abtransport der erforderlichen Geräte und Materialien. Somit stellen schwierige Baustellenzugänge an die konventionelle Umbaumethode höhere Anforderungen hinsichtlich Logistik, Lagermöglichkeiten und Bauablauf. Das Fließbandverfahren hingegen erlaubt es prinzipiell, die gesamte Baustelle gleisgebunden abzuwickeln. Dieses Verfahren ist von (seitlichen) Baustellenzugängen nahezu unabhängig.

Auch Lillie/Kantorski interpretieren und beschreiben den Punkt „Baustellenzugang"[3]. Sie sehen eine erhöhte Flexibilität beim Einsatz konventioneller Verfahren – sofern der Baustellenzugang gegeben ist. So sei dann die Baustelle kostengünstig und einfach per Lkw erreichbar, es fallen für Transporte keine Trassenbelegungen und -gebühren an, es bedarf keiner weiteren Abstellgleise. Zweiwegebagger lassen sich leicht und schnell eingleisen, benötigen – ein weiteres Umfrageergebnis – auch keine zusätzlichen Rampen. Ein leichter Baustellenzugang spricht demnach insbesondere für das konventionelle Verfahren, wenn nur nächtliche, also recht kurze Sperrpausen eingerichtet werden können. Lange Anfahrtswege und womöglich wegen des bekannten Mangels an Weichen und Nebengleisen weit entfernte Abstellmöglichkeiten sprechen dann gegen die Großmaschinentechnik, während Zweiwegebagger und andere Erdbaumaschinen vor Ort deutlich flexibler einsetzbar sind.

Bei beiden Verfahren ist eine gute Zugänglichkeit selbstverständlich auch für die eingesetzten Kräfte (Mannschaftsfahrzeuge, Pausenzeiten) und im Falle von eventuellen, ungeplanten Vorkommnissen (beispielsweise Service und Ersatzteile für die Maschinen) von Vorteil. Da dies aber einerseits für beide Bauverfahren gleichermaßen gilt und andererseits aufgrund von Topografie und Wegeführung im Umfeld ohnehin nicht zu beeinflussen ist, wird es hier nicht zu berücksichtigen sein.

Die Entscheidungsmatrix ordnet „schwierigen Baustellenzugang" eindeutig als Argument für den maschinellen Gleisumbau zu.

7.4 Bahnhofsgleise und Hindernisse

Bahnhofsgleise und bauliche Hindernisse nah am Gleis erfordern besondere Aufmerksamkeit. Räumtiefe, Räumbreite und Gleisabstand sind wesentliche Faktoren. Bauwerke wie beispielsweise Bahnsteige, Kabeltrassen und -kanäle, Tiefenentwässerung, Streckenausrüstungen wie Zugsicherungs- und Oberleitungsanlagen, Fundamente aber auch etwaige Überführungen, Durchlässe und Personentunnel schränken den Einsatz maschineller Umbauverfahren ein. Nicht jede Großmaschine wird den durch solche Einflussgrößen beschränkten Aktionsradius einhalten können. Die technische Weiterentwicklung hat hier jedoch zu Fortschritten geführt, etwa beim Vorbeiarbeiten an Bahnsteigkanten auch im Bogen und auf Überführungen.

Wird jedoch vermehrtes bis häufiges Ein- und Ausfädeln der Räumkette(n) erforderlich, so beeinflusst dies – jeweils mit rund 30 Minuten Dauer anzusetzen – aufgrund des erforderlichen Anhaltens, des Zeit- und Arbeitsaufwandes die Schichtleistung des Fließbandverfahrens negativ. Auf Brücken kann maschineller Gleisumbau grundsätzlich untersagt sein. Limitierende Faktoren sind hier neben der Brückengeometrie insbesondere Tragfähigkeit, Radsatz- und Streckenlast (t/m), hinzu kommen nach den Rechercheergebnissen von Lillie/Kantorski von der Großmaschine ausgehende dynamische Belastungen und Schwingungsanfälligkeit des Bauwerkes.

3 Lillie, Dirk; Kantorski, Sebastian: Abschlussbericht, a.a.O. (S. 17f.)

Die hindernisbedingten Zusatzarbeiten sind daher im Rahmen der Planung der Sperrpause und damit der gesamten Baustelle genau zu berücksichtigten. Die Zahl maßgeblicher Hindernisse kann also den Ausschlag geben für die Auswahl einer bestimmten Maschinenbauart oder grundsätzlich des konventionellen Verfahrens. Der konventionelle Gleisumbau wird prinzipbedingt Hindernissen flexibler begegnen, sodass diese weniger Einfluss auf Bauablauf und Umbauleistung haben werden.

Der Entscheidungsmatrix lässt sich entnehmen, dass die Entscheidung im Falle von Bahnhofsgleisen und beim Vorkommen von Hindernissen mehrheitlich für den konventionellen Gleisumbau ausfallen wird.

Abb.7.2: Schwieriger Baustellenzugang könnte für Großmaschineneinsatz sprechen, doch mehrere andere Limitierungen führen zum konventionellen Gleisumbau. (Foto: DB AG/Axel Hartmann)

7.5 Gleisabstand kleiner oder größer-gleich 3,6 m

Nicht nur bauliche Anlagen üben einen Einfluss auf die Verfahrensauswahl aus, sondern auch die Gleislage an sich, konkret der Gleismittenabstand bei mehrgleisigen Streckenabschnitten. Bei einem Gleisabstand von weniger als 3,6 m ist der Einsatz des Fließbandverfahrens kaum möglich. Je nach einzusetzendem Maschinentyp kann auch bei Gleismittenabständen ab 3,6 m die Breite der Räumkette ein limitierender Faktor sein (Bettungsumbau und -reinigung), ebenso die Breite der oben auf Maschine und Transportwagen geführten Portalanlagen (Umbaumaschine), dies insbesondere im Gleisbogen. Hier sind also die Geometrie und der beanspruchte Lichtraum der Umbaumaschine gesondert zu beachten. Insofern kann auch bei einem Gleisabstand größer-gleich 3,6 m unter Umständen noch konventioneller Gleisumbau erforderlich sein, was sich entsprechend auch in der Entscheidungsmatrix wiederfindet. Unter 3,6 m Gleismittenabstand wird fast immer das konventionelle Verfahren zu wählen sein.

7.6 Umbaulänge kleiner oder größer-gleich 1000 m

Die Umbaulänge und ihr Einfluss auf die Verfahrenswahl sind sowohl als „örtliche Gegebenheiten“ wie auch – mehrheitlich – in Bezug auf das Entscheidungskriterium Wirtschaftlichkeit von Bedeutung und daher nachstehend im Kapitel zur Wirtschaftlichkeit erläutert (siehe Abschnitt 8.1). Örtliche Gegebenheiten stellen dabei zu beachtende Rahmenbedingungen.

8 Entscheidungskriterium: Wirtschaftlichkeit

Soweit die örtlichen Gegebenheiten bestimmte Verfahren nicht definitiv ausschließen, werden Aspekte der Wirtschaftlichkeit immer in eine vergleichende Bewertung einfließen. So kann es wirtschaftlich vertretbar und sinnvoll sein, eine für dieses Verfahren bei einzelner Bewertung eigentlich unwirtschaftliche Baustelle mit Großmaschineneinsatz zu erledigen, wenn die Maschine ohnehin gerade auf dem angrenzenden Streckenabschnitt im Einsatz war oder sein wird, sie ansonsten ohne Beschäftigung wäre oder der Einsatzort am Weg zwischen zwei anderen Baustellen liegt. Unabhängig von dieser jeweils individuell zu treffenden Abwägung und Entscheidung gibt es auch Faktoren mit definierter Auswirkung auf die Wirtschaftlichkeit des konventionellen oder maschinellen Gleisumbaus. Sie finden sich im Zusammenhang mit Streckenparametern, betrieblichen Parametern (des Auftraggebers oder des Verkehrsunternehmens), mit Baustellenlogistik und Materialmanagement sowie Fachkräftebedarf.

8.1 Umbaulänge kleiner oder größer-gleich 1000 m

Es liegt auf der Hand, dass die Länge einer Baustelle direkten Einfluss auf die Wahl des Bauverfahrens hat. Ist sie sehr lang, wird niemand auf konventionelle Verfahren mit Zweiwegebaggern setzen. Ist sie andererseits kürzer als die einzusetzende Großmaschine oder erfordert gar nur punktuelle Eingriffe, ist jeder Gedanke an maschinelle Umbauverfahren verfehlt. Dazwischen aber gibt es ein weites Feld an Kriterien und Entscheidungen.

Als kritische Größe und Grenze bei der Verfahrensauswahl wird bei der Deutschen Bahn AG eine Umbaulänge von 1000 m angesehen. Darunter sind konventionelle Verfahren einzusetzen, darüber Großmaschinentechnik. Mit steigender Umbaulänge sinkt der Anteil der Fixkosten, also beispielsweise der Maschinenkosten, an den entstehenden Gesamtkosten. Die Höhe der spezifischen Kosten einer Baustelle bezogen auf den laufenden Meter ändert sich abhängig vom gewählten Verfahren. Beim Großmaschineneinsatz wird die Kurve der Kosten über die Umbaulänge einen degressiven Zuwachs aufweisen.

Stimmen alle Rahmenbedingungen, kann Großmaschineneinsatz durchaus auch bei Umbaulängen unter 1000 m wirtschaftlich sein. Dies spiegelt auch die markierte „Grenze“ in der Entscheidungsmatrix.

8.1.1 Richtwert 1000 m

Der angegebene Grenzwert von 1000 m Umbaulänge ist jedoch auf jeden Fall nur als Richtwert zu verstehen. Die Grenze ist im Detail abhängig ist von weiteren, ganz unterschiedlichen Parametern, wie

- Sperrpausendauer,
- Verkehrsbelastung,
- Schichtkosten,
- Baustellenlogistik,
- Baustellensicherung.

In die Betrachtung einzubeziehen ist auch die Tatsache, dass eine Großmaschine im Gleis vor und hinter der eigentlichen Umbaulänge einen mindestens ihrer eigenen Länge entsprechenden Platzbedarf hat. Auch die Züge für die Materiallogistik in Arbeitsrichtung vor und hinter der Reinigungs- und/oder Umbaumaschine sind dabei nicht zu vernachlässigen. Auf Schnellfahrstrecken und anderen langen Streckenabschnitten wird dies kein Problem sein. Unabhängig von der eigentlichen Umbaulänge muss es in vertretbarer Entfernung aber auch ausreichend lange Gleise als Abstellmöglichkeit für alle einzusetzenden Einheiten geben, sofern diese nicht direkt zu Baubeginn an- und unmittelbar nach Fertigstellung wieder abreisen.

8.1.2 Gibt es einen Break-Even-Point?

Lillie/Kantorski haben in ihren Befragungen „versucht, einen Break-Even-Point als Nutzenschwelle für den Verfahrensvergleich herauszuarbeiten, ab dem die Abhängigkeit der Zeit und Kosten das subjektiv teure, aber schnelle maschinelle Verfahren sinnvoller als der langsame, aber günstige konventionelle Umbau erscheint“[1]. Die Schätzungen ihrer Gesprächspartner zeigten dabei eine breite Streuung. Der Übergang ist daher als fließend anzusehen. Lillie/Kantorski erwähnen (Basis 2014) folgende Erkenntnisse:

- bis 1500 m am Stück scheint der konventionelle Umbau im Vorteil zu sein
- bei Umbaulängen unter 1000 m ist die GMT in der Regel zu groß und zu teuer
- auf Hochlaststrecken kommt GMT aber aufgrund ihrer Schnelligkeit und der damit verbundenen geringen Betriebsbelastung schon ab 500 m Umbaulänge zum Einsatz
- unter rein wirtschaftlichen Gesichtspunkten ist GMT erst ab 2000 bis 2500 m Mindest-Umbaulänge sinnvoll, da dies etwa einer Zehn-Stunden-Schicht von Gleis- und Bettungserneuerung entspricht[2]
- ab 3000 m Umbaulänge sei „aus Sicht der meisten Gesprächspartner nur noch die GMT effektiv und schnell genug“.

Die Suche nach dem Break-Even-Point blieb insofern ohne konkret bezifferbares Ergebnis. Vielmehr sind auch hier die Einflüsse weiterer Rahmenbedingungen neben der reinen Umbaulänge erwähnt.

8.2 Materiallogistik für Ver- und Entsorgung

Großmaschinentechnik erfordert eine Optimierung der Transporte für Ver- und Entsorgung der Baustelle mit Material. Im Rahmen jeder Baustelle wird es notwendig sein, die für den Gleisumbau benötigten Baustoffe möglichst zeitoptimiert, „just-in-time“, parat zu haben. Sie zum richtigen Zeitpunkt an der richtigen Stelle zur Verfügung zu stellen, ist eine nicht zu vernachlässigende Aufgabe. Die im Zuge der Arbeiten ausgebauten Stoffe wiederum sind entweder wiederzuverwenden oder abzutransportieren und ordnungsgemäß zu deponieren, dies selbstverständlich im Rahmen der gesetzlichen Vorschriften sowie vertraglicher Regelungen und nicht als Rückstandshalde im Umfeld der Strecke.

1 Lillie, Dirk; Kantorski, Sebastian: Abschlussbericht, a.a.O. (S. 17)

2 Aus der Praxis wurde ergänzend geäußert, dass dieser Wert zu hoch liegen könne. Statt der angesetzten 200 bis 250 m Stundenleistung werde zumeist eher mit 120 bis 140 m/h gerechnet, also etwa der halben Leistung. Dem entspricht dann eine Umbaulänge von 1200 bis 1400 m/Schicht.

Abb. 8.1: Baulogistik im Baugleis – hier der Abtransport vom Abraum nach Planumsverbesserung –, während das zweite Gleis für Züge nutzbar bleibt. (Foto: Achim Uhlenhut)

Die Optimierung des Materialflusses bietet zahlreiche Möglichkeiten, die entstehenden Gesamtkosten der Baustelle zu reduzieren. Es liegt auf der Hand, dass einzelne Fahrten mit Ganzzügen für Schotter, Schwellen und Schienen ab einer gewissen Masse in jeder Hinsicht sinnvoller sind als ungezählte Lkw-Fahrten. Dabei sind die Übergabestellen allerdings möglichst baustellennah zu organisieren. Das gilt sowohl für das Heranführen von Neumaterial wie den Abtransport des ausgebauten Altmaterials. Beide Mengen lassen sich zumindest im Falle von Schotter und Material für die Planumsschutzschicht durch Recycling in der Umbaumaschine – konkret in der Planumsverbesserungsmaschine – und unmittelbare Wiederverwendung signifikant verringern. Die Kosten des Transports und der Entsorgung sinken dadurch wesentlich. Die Transportkapazität eines Zuges aus Spezialwaggons für Schwellen beim maschinellen Gleisumbau ist insbesondere bei Betonschwellen jedem Lkw sehr weit überlegen. Im Falle der Schwellen wird beim Fließbandverfahren zudem die beim Lkw-Einsatz oft unvermeidliche Nutzung von Lagerplätzen sowohl für Neu- als auch für das oft eher ungeordnete Altmaterial entlang der Baustelle grundsätzlich entbehrlich.

Auch Lillie/Kantorski benennen die Logistik, also die Versorgung der Baustelle mit Baustoffen und die Entsorgung der Altstoffe als „wesentlichen Faktor für die Verfahrenswahl“[3]. Die Logistik bestätige erneut, dass jede Baustelle ein Unikat darstelle. Neben vorerwähnten Faktoren wird auch aufgeführt, dass jede Baustelle bestrebt sein werde, „die Baustoffe so wenig wie möglich umzuladen, da jeder Umladevorgang Kosten verursacht und zudem die Wahrscheinlichkeit einer Beschädigung der Baustoffe steigt“[4].

Die Entscheidungsmatrix verortet das Kriterium „Reduzierung Transporte für Ver- und Entsorgung Material“ komplett beim maschinellen Gleisumbau.

3 Lillie, Dirk; Kantorski, Sebastian: Abschlussbericht, a.a.O. (S. 22)
4 dto.

8.3 Sperrpausenrestriktionen und Sperrpausenoptimierung

Baumaßnahmen im Gleis sind grundsätzlich nur nach vorherigem Sperren des betroffenen Streckenabschnitts möglich. Dies gilt zunächst für das Baugleis. Abhängig vom gewählten Bauverfahren muss aber auch der Bahnbetrieb im Nachbargleis – sofern vorhanden – eingeschränkt oder ebenfalls eingestellt werden. Einschränkungen betreffen die Fahrgeschwindigkeit und wegen Zweirichtungs-Nutzung auch die Taktfolge. Gelegentlich wird blockweiser Betrieb in die eine, danach in die andere Richtung durchgeführt.

Diese Sperrungen und Einschränkungen wirken sich auf die Verfügbarkeit der Infrastruktur, also der Strecke, unmittelbar aus. Mögliche Effekte wie Fahrplanänderungen, Zugausfälle, verspätete Abfahrten, längere Fahrzeit oder geplante und ungeplante Ersatzverkehre (im Personenverkehr) sowie weiträumige Zugumleitungen haben Folgen für die Kundenzufriedenheit.

Das konventionelle Bauverfahren erfordert abhängig von der Länge der Baustelle längere Sperrpausen und Totalsperrungen. Fallweise kann es, beispielsweise durch die Erstellung einer notwendigen Verbauung, im Rahmen des konventionellen Bauverfahrens zu einer direkten Beeinflussung des Verkehrs auch auf dem Nachbargleis kommen. Dank seiner hohen Leistungswerte kann hingegen das Fließbandverfahren des maschinellen Gleisumbaus die genannten negativen Auswirkungen auf den Eisenbahnbetrieb auf dem Nachbargleis infolge einer Baumaßnahme zwar nicht komplett vermeiden, wohl aber minimieren. Unter Umständen wird es eine Aufrechterhaltung des Betriebes erst ermöglichen.

Gibt es keine Sperrpausenrestriktion, also keine besonderen Anforderungen an Länge und Zahl der Sperrpausen und auch sonst keine Vorgaben für eine Sperrpausenoptimierung, dann reduziert sich der Vorteil leistungsstarker Bauverfahren des maschinellen Gleisumbaus hinsichtlich Zeitbedarf und Auswirkungen auf den Eisenbahnbetrieb.

Die Entscheidungsmatrix sieht die Totalsperre ohne Sperrpausenrestriktionen als Argument für den konventionellen Gleisumbau, wohingegen das maschinelle Verfahren die Sperrpausenoptimierung ermöglicht.

8.4 Personelle Ressourcen des Auftraggebers

Abb. 8.2: Kürzere Bauzeiten binden auch das Personal des Auftragebers nicht so lange vor Ort.
(Foto: DB AG/Volker Emersleben)

Auf Seiten des maschinellen Gleisumbaus findet sich in der Sperrpausenzeile der Entscheidungsmatrix zusätzlich das Kriterium „Personalressourcen des AG [des Auftraggebers] optimieren". Dies ist gewissermaßen eine Steigerung der Sperrpausenoptimierung und daher nur bei Einsatz des Fließbandverfahrens überhaupt möglich. Die weitere Reduktion der Dauer von Sperrpausen trägt abseits der eigentlichen Baustelle zu einer deutlichen Verringerung der baustellenbezogenen Personal-Einsatzzeit auf Seiten des Auftraggebers bei. Das führt in direkter Linie zu geringerem Personalaufwand in Zeit und Kosten in Zusammenhang mit der jeweiligen Baustelle.

8.5 Ausführungsqualität und materialschonendes Handling

Abb. 8.3: Mehrfaches Umlagern von Baumaterial ist typisch für konventionelle Bauverfahren. (Foto: DB AG/Volker Emersleben)

Der maschinelle Gleisumbau erlaubt einen kontinuierlichen und materialschonenden Fertigungsprozess in der Baustelle mit Prozessüberwachung und -dokumentation. Alle Großmaschinen sind dafür entsprechend ausgerüstet. Steuerung und Protokoll stellen eine gleichbleibende Ausführungsqualität ebenso sicher wie die spätere Nachvollziehbarkeit aller Abläufe. Der Ausführungsqualität kommt auch die im maschinellen Verfahren im Vergleich zum konventionellen Bauen schonendere Behandlung des Baumaterials, etwa durch Entfall von Zwischenlagerungen und Umladen, zugute. Beim konventionellen Verfahren ist die zu erreichende Ausführungsqualität prinzipbedingt abhängig von zahlreichen, schwer zu synchronisierenden Parametern bis hin zum Temperament einzelner Mitarbeiter. Eine Qualitätsüberwachung wird über die Dokumentation einzelner Teilaufgaben und Arbeitsprozesse mindestens schwierig und komplex sein, in manchen Fällen kaum möglich.

Die Entscheidungsmatrix sieht das Schwergewicht beim Kriterium der Ausführungsqualität und damit verbunden des materialschonenden Handlings deutlich auf Seiten des maschinellen Gleisumbaus.

8.6 Betrieb im Nachbargleis

Auswirkungen auf die Ausführungsqualität hat auch ein besonderer Vorzug des maschinellen Gleisumbaus: Die sogenannte Baulücke ist erheblich kürzer als bei konventionellen Verfahren.

Die längere Baulücke beim konventionellen Gleisumbau – beispielsweise bis auf das Planum abgetragene Anlagen – erfordert mitunter besondere Maßnahmen wie eine temporäre Verbauung. Das wiederum hat Auswirkungen auf die Sicherung der Baustelle wie auch auf die betriebliche Verfügbarkeit des zweiten Gleises und damit wirtschaftliche Folgen.

Abb. 8.4: Betrieb im Nachbargleis: Während die S-Bahn vorbeieilt, läuft im Baugleis die Materiallogistik für die Umbaumaschine. (Foto: Achim Uhlenhut)

Die Entscheidungsmatrix nennt „Betrieb im Nachbargleis" unter diesen Gesichtspunkten daher ausschließlich als positiv zu bewertendes Kriterium auf Seiten des maschinellen Gleisumbaus (siehe hierzu auch Abschnitt 8.3).

8.7 Nachhaltiges Materialmanagement

Je höher die Anforderungen an ein nachhaltiges Materialmanagement, desto eher wird für den maschinellen Gleisumbau zu entscheiden sein. Gleichwohl ist nachhaltiges Materialmanagement in unterschiedlichem Umfang auch bei konventionellem Bauverfahren möglich, jedoch nicht so umfassend und perfektioniert wie beim Einsatz auch dafür konstruierter Großmaschinentechnik. Beim konventionellen Umbauverfahren ist eine Aufbereitung des Materials dagegen nicht unmittelbar im Gleisbereich möglich, sondern nur in einem getrennten Arbeitsschritt auf einem Lagerplatz durchführbar.

Das Fließbandverfahren ermöglicht wie erwähnt eine teilweise unmittelbare Wiederverwendung des ausgebauten und behandelten Schotters. Es spart dadurch bis zu 50 %, nach manchen Quellen sogar bis zu 75 % der Menge einzusetzenden Neumaterials auf der Baustelle (vgl. Abschnitt 4.2). Damit verbunden sind entsprechende Einsparungen nicht nur beim Transportvolumen, sondern auch bei der späteren Deponierung der für keinen anderen Zweck mehr verwendbaren Anteile des Abraums. Die steigenden Deponiekosten jedoch erfordern abseits aller anderen Aspekte schon aus wirtschaftlichen Erwägungen eine nachhaltige Verwendung der Ressourcen. Die unmittelbare Wiederverwendung der vorhandenen Oberbaumaterialien auf der Baustelle ist somit einer Deponierung prinzipiell vorzuziehen.

Abb. 8.5: Schotteraufbereitung im Fließbandverfahren (Foto:Plasser & Theurer)

Lillie/Kantorski gaben 2014 zu bedenken, „da der Auftraggeber bei Gleisbaustellen die Baustoffe zur Verfügung stellt, werden deren Kosten bei der Ausschreibung der Bauleistung nicht mit einbezogen". Das hat die naheliegende Folge, dass aufgrund der Aufbereitung und des Wiedereinbaus geminderter Schotterverbrauch – ein signifikanter Anteil ist möglich, s. o. – „während der Submission nicht als Wettbewerbsvorteil gewertet" wurde, da „bei den reinen Baukosten nicht berücksichtigt"[5]. Konkret kann dann „eine nur mit GMT mögliche Bettungsreinigung mit Wiedereinbau und somit deutlicher Neuschotterreduzierung im Vergleich mit dem konventionell notwendigen Vollaushub bezogen auf den Materialverbrauch aus Auftraggebersicht keinen finanziellen Vorteil geltend machen". Die Einbeziehung des Kriteriums „nachhaltiges Materialmanagement" in die Entscheidungsmatrix dürfte diesem Umstand abgeholfen haben, er sei aber hier dennoch erwähnt.

5 Lillie, Dirk; Kantorski, Sebastian: Abschlussbericht, a.a.O. (S. 25)

8.8 Gleisgebundene Bettungsaufbereitung (BA)

Ein nicht technisch, jedoch in der Verfahrensauswahl neuer Aspekt ist die Frage des Umgangs mit dem Bettungsmaterial. Bislang war bei DB Netz im Regelwerk (Richtlinie 824.1001) neben der vollständigen Bettungserneuerung vBE als zweite Möglichkeit die Bettungsreinigung BR vorgesehen. Eine gewissermaßen teilweise Erneuerung war nicht vorgesehen. Das änderte sich um den Jahresanfang 2022. In Hinblick auf Ressourcenschonung – und auch unter Kostenaspekten – bedeutsam ist die nun neue Verfahrensart der Bettungsaufbereitung BA. Jetzt kann somit auch diese ausgeschrieben oder vorgegeben werden, obwohl sie schon seit rund zehn Jahren als gleisgebundene Schotteraufbereitung mit entsprechenden Maschinen (vgl. Abschnitt 3.2) durchaus üblich war. Im Rahmen der Zukunftsinitiative Bahnbau (ZIB) wurde dieses Thema nun seinerseits neu aufbereitet und letztlich das Regelwerk in diesem Punkt ergänzt.

Um zwischen vBE, BA oder BR zu entscheiden, ist in der Bauplanungsphase eine Betrachtung des Ist-Zustandes der vorhandenen Bettung erforderlich, Schotterqualität und Verschmutzungsgrad müssen dafür ermittelt werden. Die Bettungsaufbereitung ist nur gleisgebunden unter Einsatz entsprechender Großmaschinen, ausgestattet mit Siebanlagen und Brechereinheit, möglich. Als Faustformel kann gelten, dass um 50 % des Schotters wiederverwendet, also erneut eingebaut werden können, womit in direkter Folge Bettungsaufbereitung gegenüber vollständiger Bettungserneuerung den Neuschotterbedarf halbiert. Neben der Ressourcenschonung sind auch verminderter Logistikaufwand und sinkende Kosten als direkte Vorteile zu nennen. Zudem kann die Bauzeit kürzer ausfallen. Je nach Zustand der vorhandenen Bettung kann bedarfsweise auch abschnittweise eine Bettungsreinigung ausreichen oder eine vollständige Bettungserneuerung vorgenommen werden.

9 Entscheidungskriterium: Umwelt

Von jeder Bahnbaustelle gehen mannigfache Umweltauswirkungen aus. Direkte, etwa durch Lärm, Erschütterungen, Abgase und Staub, wie auch indirekte, beispielsweise durch die bereits erwähnte Materiallogistik. Sämtliche Umweltaspekte auch nur ansatzweise zu betrachten, würde eine eigene Ausarbeitung erfordern. Moderne Technik und aktuelle Maschinen, sowohl handgeführte Kleinmaschinen wie auch Großmaschinen, mindern diese Umweltwirkungen bereits, beispielsweise durch elektrische Antriebe. Deren Verbreitung im Einsatz wie auch die weitere Entwicklung werden zu deutlichen Reduzierungen führen. Dabei auch zu berücksichtigen, dass aufgrund wachsender Verkehrsbelastung nicht nur im urbanen Umfeld, sondern auch auf transeuropäischen Netzen Bahnbau vermehrt nur noch nachts oder zeitlich konzentriert möglich sein wird. An Nachtarbeit sind jedoch nochmals schärfere Anforderungen (Lärm, Licht, Erschütterungen, aber auch hinsichtlich Arbeitsicherheit) zu stellen.

Da bei jeder Gleisbaustelle, abgesehen bestenfalls von punktuellen Interventionen, erhebliche Massen und Mengen zu bewegen und diverse Maschinen einzusetzen sind, wird die Auswirkung auf Umfeld und Umwelt – wie bei jeder Aktivität des modernen Menschen – nie auf null zu reduzieren sein. Sowohl von der konventionellen Baustelle wie vom maschinellen Gleisumbau wird immer eine nicht zu vernachlässigende Belastung ausgehen. Sie auf das unter den gegebenen Umständen unvermeidliche Maß zu beschränken, ist Aufgabe aller Beteiligten und bereits bei der Bauplanung zu beachten. Daher ist der Kriteriengruppe Umwelt auch in der Entscheidungsmatrix Platz eingeräumt. Es ist nicht auszuschließen, dass diese zukünftig gegebenenfalls um weitere Umweltaspekte über die nachstehend erwähnten hinaus ergänzt werden könnte oder muss. Das führt dann zwangsläufig auch zu Wertungskriterien in der Vergabeentscheidung.

Abb. 9.1: Materiallager benötigen mitunter viel Fläche und hinterlassen immer Wunden in der Landschaft, von ihnen gehen Lärm- und Staubentwicklung aus. (Foto: DB AG/Volker Emersleben)

9.1 Nachhaltiges Materialmanagement

Das oben unter Abschnitt 8.5 zum nachhaltigen Materialmanagement erwähnte gilt sinnentsprechend nicht nur unter wirtschaftlichen Aspekten, sondern ebenso hinsichtlich des Umweltschutzes. Dieses Entscheidungskriterium zählt daher zu beiden Kriteriengruppen. Je mehr nachhaltiges Materialmanagement gefordert ist, desto mehr spricht dies für den Großmaschineneinsatz. Ist vollständig auch unter Umweltgesichtspunkten nachhaltiges Materialmanagement gefordert, führt am maschinellen Gleisumbau kein Weg vorbei.

9.2 Reduzierung der Umfeldbelastung in Wohngebieten

Umfeldbelastungen haben unterschiedliche Ursachen, sie gehen von vielerlei Emissionsverursachern im Rahmen der Bauarbeiten aus. Zu nennen sind unter anderem, aber im Wesentlichen:

- Lärmbelästigung durch Baustellenabwicklung und Transport
- Lärmbelästigung durch die Baustellensicherung (siehe auch Abschnitt 9.4 Baustellensicherung)
- Feinstaubbelastung durch Baustellenabwicklung und Transportaufgaben
- erhöhtes Verkehrsaufkommen rund um die Baustelle

Ein Hauptproblem für das Umfeld von Bahnbaustellen, insbesondere beim Gleisumbau, ist die Lärmemission. Ihr ist daher besondere Aufmerksamkeit zu widmen, zumal sie neben der Bauzeit auch einer der entscheidenden Faktoren für die Wahrnehmung der Baustelle in der Öffentlichkeit ist. Lärm kann Image und Akzeptanz der erforderlichen Gleisbauarbeiten stark negativ beeinflussen. Das betrifft ausdrücklich auch die Baustellensicherung, früher bekannt und weithin hörbar durch „Rottenwarnanlagen" mit Mehrklang-Signalhörnern. Fortentwicklungen haben hier erhebliche Minderungen der Umfeldbelastung erbracht. An Großmaschinen sorgen integrierte Warnanlagen bei der „wandernden Baustelle" für eine unauffälligere Warnung der eingesetzten Kräfte vor nahenden Zügen.

Alle anderen baubedingten Emissionsquellen und Umweltbelastungen der Bauverfahren einzeln zu beleuchten, würde den Rahmen dieser Schrift sprengen. Die jeweiligen Bauverfahren führen durch einen immer differierenden Maschineneinsatz und mit unterschiedlichen Bauzeiten zu ganz unterschiedlichen Emissionen. Dabei ist die Emissionsminderung und -vermeidung beim Großmaschineneinsatz leichter zu verwirklichen, insbesondere wenn neuere Hybrid-, Elektro-, Wasserstoffantriebe oder alternative Kraftstoffe zum Einsatz kommen. Bei sonstigen Erdbaufahrzeugen, wie im konventionellen Gleisumbau eingesetzt, ist diese emissionsarme oder -freie Antriebstechnik noch nicht absehbar (siehe auch Abschnitt 11.4). Der Komplex Materiallogistik wurde bereits erörtert, direkt davon abhängig ist selbstverständlich auch die Größe der Umfeldbelastung, nicht nur in Wohngebieten und entlang von Baustellenzufahrten. Staubbelastung wiederum reduzieren Großmaschinen durch eine eingebaute Staubniedernebelungsanlage im Bereich der Räumkette nachhaltig.

Die Entscheidungsmatrix verweist beim Kriterium „Reduzierung Umfeldbelastung in Wohngebieten" vollständig auf den maschinellen Gleisumbau.

9.3 Reduzierung der Umweltbelastung

Das für die Reduzierung der Umfeldbelastung in Wohngebieten dargelegte gilt für die gesamthafte Reduzierung der von der Gleisbaustelle ausgehenden Umweltbelastungen und für die zugelieferten Materialien entsprechend. Sie umfassend und detailliert zu beschreiben, ist schwierig bis letztlich nahezu unmöglich. Sie lassen sich jedoch über einzelne Schlüsselparameter der Belastungsintensität einer Baustelle, über Ökobilanzen und Umweltbelastungspunkte abschätzen.

Wichtigste Schlüsselparameter sind:

- Primärenergiebedarf/Energieverbrauch
- Emissionen als CO_2-Äquivalent
- Treibhauseffekt/Klimawirkung
- Feinstaubemissionen
- Stickstoffoxidemissionen
- Lärmpegel/Geräuschemissionen

Diese Parameter werden beeinflusst durch eine Vielzahl von Einflussfaktoren, wie u. a.

- Antriebe eingesetzter Maschinen
- Energiequellen
- Baulänge und Baustellendauer
- Prozessabläufe
- Art der erbrachten Transportleistung
- Materialbereitstellung
- Erfordernis von Zwischenlagern
- Recyclingmöglichkeiten

Die Entscheidungsmatrix sieht das Schwergewicht des Optimierungspotenzials zum Kriterium Reduzierung Umweltbelastung eindeutig auf Seiten des maschinellen Gleisumbaus.

9.4 Reduzierung der Belastungsdauer

Einen spürbaren Beitrag zur Minderung der von der Gleisbaustelle ausgehenden Belastungen stellt eine Verkürzung ihrer Dauer dar. Es gilt daher, nicht nur die Intensität, sondern auch Zeitraum und Zeitpunkt dieser Einwirkungen auf Umfeld und Umwelt zu verringern. Die höheren Arbeitsleistungen des Fließbandverfahrens erlauben es, neben der Verkürzung der notwendigen Sperrpausen für den Bahnbetrieb zugleich auch die baubedingten Belastungen für Anrainer auf der Zeitachse zu minimieren.

Die Entscheidungsmatrix sieht das Schwergewicht des Kriteriums „Reduzierung der Belastungsdauer“ beim maschinellen Gleisumbau. Gleichwohl ist auch bei konventionellen Baustellen durch sorgfältige Planung und genaue Abstimmung zu Umfang und Auswahl der Gerätetechnik eine Minderung möglich.

10 Entscheidungskriterium: Sicherheit

Ganz unabhängig vom angewandten Bauverfahren und auch unabhängig von allen anderen Einflussgrößen muss der sicheren Abwicklung einer Baustelle, der Sicherheit eingesetzter Kräfte gegen Gefahren aus der Arbeit, aus der Umgebung und des Eisenbahnbetriebes, besondere Bedeutung zukommen. Von der Prämisse ausgehend, dass in irgendeiner Weise unsichere Bauverfahren, Geräte und Maschinen ohnehin grundsätzlich nicht (oder nicht mehr) zum Einsatz kommen, gibt es doch auch hier diverse Eingangsparameter, die bei der Verfahrensauswahl zu berücksichtigen sind. Die Entscheidungsmatrix nennt hier als wesentliche Kriterien Baustellensicherung und Arbeitnehmerschutz: Baustellensicherung gegen die Gefahren aus dem Eisenbahnbetrieb und Arbeitnehmerschutz entsprechend der Art der Tätigkeit. Wird hier jeweils ein Optimum angestrebt und umgesetzt, so ist viel für die Sicherheit der Baustelle insgesamt erreicht. Die zwei Verfahren sind also zu untersuchen hinsichtlich ihrer möglichen positiven Beiträge zu diesen Punkten.

10.1 Baustellensicherung

Die Baustellensicherung ist eine vielfältige Aufgabe. Zu sichern ist einerseits die eigentliche Baustelle im Baugleis, andererseits aber auch der weiterlaufende Betrieb auf dem anderen Streckengleis und zudem beides gegen mögliche gegenseitige Einflüsse. Der Mitarbeiter darf vor und während einer Zugfahrt nicht in den Gefahrenbereich des befahrenen Gleises gelangen. Er ist rechtzeitig und wahrnehmbar zu warnen und am Betreten des Gleises zu hindern. Maschinen und Material dürfen den Zugbetrieb nicht beeinträchtigen oder gefährden.

Bei der Sicherung der Baustelle gegen die Gefahren aus dem Eisenbahnbetrieb gilt es also vorrangig

- den Mitarbeiter vor den Gefahren der Baustelle
- den Mitarbeiter vor den Gefahren des Eisenbahnbetriebes
- den Bahnbetrieb vor Beeinflussungen durch die Baustelle und die laufenden Arbeiten

zu schützen.

Bei beiden Bauverfahren ist sicherzustellen, dass gemäß den örtlichen baulichen (Stichwort: Gleislage) und geltenden bahnbetrieblichen Gegebenheiten und Vorschriften die jeweils erforderlichen Sicherungsmaßnahmen zu veranlassen sind. Höchstes Sicherheitsniveau gegen die Gefahren des Eisenbahnbetriebes bietet stets eine Totalsperrung der Strecke für jegliche Fahrten. Automatische Warnsysteme (AWS) sind hochwirksam, sie können, wenn möglich oder wo vorgeschrieben, mit festen Absperrungen (FA) kombiniert werden. Bei Großmaschinen sind automatische Warnanlagen integriert und auch erforderlich, da der Platz für eine FA nicht immer ausreichen wird: Ob eine FA zwischen Bau- und befahrenem Gleis aufgebaut werden kann, ist vom Gleismittenabstand abhängig, er sollte mindestens 5 m betragen. Viele Überwachungsaufgaben durch die eingesetzten Fachkräfte lassen sich – sofern sich der Arbeitsplatz nicht ohnehin innerhalb der Maschine befindet – beim maschinellen Gleisumbau auch von der Feldseite der Bahnanlage aus überwachen.

Abb. 10.1: Feste Absperrung und Warnanlage bei maschinellem Gleisumbau, hier mit der einem Umbauzug folgenden Gleisstopfmaschine. (Foto: Achim Uhlenhut)

Beim Maschineneinsatz, insbesondere beim konventionellen Gleisumbau, ist trotz einer möglichen Schwenkbegrenzung nicht restlos auszuschließen, dass die Bewegung eines Baggers, auch eines Zweiwegebaggers, irrtümlich in den Gefahrenbereich des Nachbargleises führen könnte. Es kann auch passieren, dass nur die Last in den Gefahrenbereich gelangt, etwa durch Pendeln infolge einer Schwenkbewegung. Diese Gefährdungen sind beim Einsatz von Großmaschinentechnik weitgehend ausgeschlossen. Materialbewegungen finden innerhalb der Maschinenumgrenzung beziehungsweise im Lichtraum des Baugleises statt. Zur Minderung möglicher Gefahren trägt auch die kürzere Bauzeit im maschinellen Gleisumbau bei.

Die Entscheidungsmatrix ordnet das Kriterium „Baustellensicherung" – meint auch Sicherheit des Eisenbahnbetriebes – mehrheitlich dem maschinellen Gleisumbau zu.

10.2 Arbeitnehmerschutz

Jede Baustelle hält für die eingesetzten Kräfte ein gewisses Gefahrenpotenzial bereit. Aufgrund der demografischen Entwicklung und dem Fehlen von Fachkräften ist zunehmend mehr an- und ungelerntes Personal im Einsatz. Es ist also auch hier sicherzustellen, dass nur ausgebildete und laufend technisch, fachlich und sicherheitstechnisch geschulte, erfahrene und für die Gefährdungen sensibilisierte Arbeitskräfte am Gleis sind und dort arbeiten.

Die sorgfältige Abwicklung jeder Baustelle kann die Risiken und das Gefahrenpotenzial mindern. Sie lassen sich jedoch auch bei noch so detaillierter Planung schon durch menschliches Versagen nie völlig ausschließen, weder im Vorfeld noch später vor Ort.

Abb. 10.2: An der Gleisbaumaschine halten sich eingesetzte Kräfte zumeist an definierten und sicheren Orten auf. Beaufsichtigung des Ausbaues von Altschwellen und Altschotter von der Feldseite aus. (Foto: Achim Uhlenhut)

Das Fließbandverfahren reduziert dieses Risiko durch die Abwicklung eines Regelprozesses über sichere Arbeitsplätze mit dem Einsatz moderner Steuertechnik bei einem hohen Mechanisierungsgrad. Der Mitarbeiter übt zumeist Bedien- und Überwachungsfunktionen aus, er arbeitet nicht selbst aktiv am Gleis. Die Arbeitsplätze einer Großmaschine sind sicherheitstechnisch und zunehmend auch ergonomisch optimiert. Der ausgeführte Regelprozess an sich erlaubt es auch, bei auftretenden Unzulänglichkeiten mögliche Schwachstellen frühzeitig zu erkennen und Gegenmaßnahmen zu ergreifen.

Der konventionelle Gleisumbau weist im Gegensatz dazu allein aus der Vielzahl der eingesetzten Maschinen vielerlei unkoordinierte Maschinenbewegungen und einen Anteil unvorhersehbarer Arbeitsabläufe auf. Dies sind Gefahrenquellen, die sich aufgrund der längeren Bauzeit zudem in ihrem Risikopotenzial zeitlich summieren.

Die Entscheidungsmatrix ordnet auch das Kriterium „Arbeitnehmerschutz“ mehrheitlich dem maschinellen Gleisumbau zu.

11 Weitere Entscheidungskriterien

Neben den in der Entscheidungsmatrix genannten wesentlichen Einflussfaktoren auf die Verfahrensauswahl gibt es einige weitere. Sie sind nicht unwichtig, werden aber individuell zu betrachten und zu bewerten sein. Hier gibt es keine systematisierte, gar definitive Entscheidungshilfe. Die nachfolgend genannten Kriterien mit geringem oder nur indirektem Einfluss gingen daher nicht in die Entscheidungsmatrix ein.

Keinen Entscheidungsspielraum gewähren selbstverständlich spezielle Vorgaben in Ausschreibungen. Da diese ebenso wie andere nicht darstellbare örtliche oder betriebliche Besonderheiten aber letztlich keine Abwägung zwischen verschiedenen Bauverfahren erfordern und keine Wahl lassen, sind sie hier, obwohl von eminenter Bedeutung und unbedingt zu berücksichtigen, nicht als weitere Entscheidungskriterien genannt.

Die Reihenfolge der nachstehenden Abschnitte stellt keine Wertung dar und bedeutet keine Gewichtung.

11.1 Umleitungsverkehre

Die Vorteile von Baustellen, die einen – wenn auch gegebenenfalls eingeschränkt – weiterlaufenden Eisenbahnbetrieb ermöglichen, sind bereits mehrfach erwähnt. Die Zahl der zur Verfügung stehenden Gleise im Baustellenbereich kann daher mit ausschlaggebend bei der Verfahrenswahl sein und ist im Abschnitt 7.1 behandelt. In Teilen des Bahnnetzes gibt es jedoch aufgrund seiner Struktur die Möglichkeit zur Nutzung von Ausweichrouten über nicht allzu weit entfernte Strecken. Die betrieblichen Auswirkungen auch einer baubedingten Totalsperrung wegen konventionellen Gleisumbaus lassen sich damit beispielsweise im Güterverkehr noch in einem vertretbaren Maß halten. Eine Umleitung kann in Betracht gezogen werden, wenn sich so der Einsatz an der Baustelle beispielsweise eines automatischen Warnsystems (signifikante Geräuschemission) vermeiden lässt.

11.2 Fahrzeugverfügbarkeit und -disposition

Hinsichtlich der Materiallogistik verweisen Lillie/Kantorski in ihrer Untersuchung darauf, dass beim konventionellen Gleisumbau zumeist nur Flachwagen für den Abtransport genutzt werden können: Unter Oberleitung, auch wenn sie abgeschaltet ist, können Zweiwegebagger Fahrzeuge mit höheren Bordwänden nicht beladen.[1] Die daher stattdessen vielfach eingesetzten Wagen der Gattungen K-/Ks- und Re-/Res haben niedrige Bordwände, dadurch aber auch nur eine vergleichsweise geringe Ladekapazität, etwa bei Schottertransporten. Zudem sind sie nicht immer und überall in der gewünschten Anzahl verfügbar. Das kann eine zusätzliche oder längere Nutzung von Lagerplätzen zur Folge haben.

Diese Probleme stellen sich beim maschinellen Gleisumbau mit Großmaschinen zumeist nicht. Der massive Einsatz von Material-Förder- und -Silowagen (MFS) und Schwellentransporteinheiten ist eng mit der Gestellung der Großmaschinen verbunden. Das kann die Bauplanung vereinfachen.

Überstellfahrten der Großmaschinentechnik erfordern erheblichen Planungsaufwand und gegebenenfalls die Ausarbeitung von Alternativen. Muss dann eine Baustelle kurzfristig abgesagt werden, entstehen hohe Kosten: GMT kann in der Regel nicht kurzerhand anderswo eingesetzt werden.

1 Lillie, Dirk; Kantorski, Sebastian: Abschlussbericht, a.a.O. (S. 23)

11.3 Störung durch und Folgen von Maschinenausfall

Zwar müssen bei beiden Bauverfahren alle erforderlichen Maschinen und Geräte vorab genau disponiert werden, doch ist ein Zweiwegebagger letztlich einfacher kurzfristig zu ersetzen oder nachzuordern als eine hochspezialisierte Großmaschine. Auf die langfristige und zumeist viele Monate im Voraus abgeschlossene Disposition von GMT haben zudem turnusmäßige Inspektionen Einfluss, die nach Möglichkeit in bauärmere Zeiten terminiert werden. Nach Schäden etwa durch Entgleisungen oder während der Monate einer Modernisierung (Refit im Werk) fällt die Großmaschine mit all ihren Funktionen komplett aus. Auch solche Werkstattaufenthalte müssen langfristig geplant und bei Angeboten berücksichtigt werden.

Lillie/Kantorski haben bei ihren Befragungen zur Verfahrensauswahl erkundet, inwieweit mögliche Ausfälle der Maschinentechnik Einfluss auf die Entscheidung haben könnten. Grundsätzlich wird kein Vor- oder Nachteil beim einen oder anderen Verfahren gesehen. Zwar werde beim konventionellen Gleisumbau „stets ein Ersatzbagger eingeplant, dieser stellt jedoch meist nur ein bereits abgeschriebenes Altgerät dar" – das ohnehin und auch beim maschinellen Gleisumbau vorgehalten werde, etwa für untergeordnete Hilfstätigkeiten[2]. Ungeplanten Stillstandszeiten wird beim Großmaschineneinsatz anders vorgebeugt. Für den Fall eines – seltenen, Ausfallwahrscheinlichkeit im sehr geringen Prozentbereich – Maschinenschadens sind Servicekräfte großer Bauunternehmen wie auch der Maschinenhersteller zu Reparaturen binnen 24 Stunden vor Ort an der Maschine, samt Ersatzteilservice.

Zur Vermeidung von Ausfallrisiken wurde in der Vergangenheit bei zeitkritischen Baustellen vereinzelt durch den Auftraggeber die Bereitstellung von Reservemaschinen gefordert. Das führt dann natürlich zu Mehrkosten durch doppelte Zuführung, vermehrten Personaleinsatz und anteilige Verrechnung der Abschreibung.

11.4 Antriebstechnologie

Sowohl der konventionelle als auch der maschinelle Gleisumbau setzen derzeit auf Verbrennungsmotoren, zumeist Diesel, als Energiequelle. Bei immer mehr Typen von Bahnbaumaschinen sind dieselhybride und elektrohybride Antriebe verfügbar. Dabei werden, wenn möglich, nur noch Überstellfahrten auf fahrdrahtlosen Strecken per Diesel zurückgelegt, ansonsten wird aber die Energie aus der Oberleitung genutzt. Dies ist ungleich energieeffizienter und umweltschonender als der Dieselbetrieb. Teilweise ist ein Diesel nur noch als Antrieb eines Generators eingebaut, die Maschine arbeitet ansonsten rein elektrisch. Auch Akkutechnik für Arbeiten unter angeschaltetem Fahrdraht wurde bereits erprobt. Das sind bereits große und wichtige Schritte in die Zukunft, doch geht es bislang „nur" um die vielfältigen Instandhaltungsaufgaben am Gleis (Stopfen, Schotterverteilung, Oberleitungsarbeiten u.a.m), jedoch noch nicht um den Gleisumbau mit Umbau- oder Bettungsreinigungszügen. Elektrische Überstellfahrten mit Eigenantrieb entfallen hier als Perspektive, da diese Großmaschinen teilweise beträchtlicher Länge ohnehin stets als eigene Züge mit Triebfahrzeugvorspann überführt werden. Wo immer möglich wird dabei auf elektrische Traktion zu setzen sein.

---

2 Lillie, Dirk; Kantorski, Sebastian: Abschlussbericht, a.a.O. (S. 18)

Abb. 11.1: Dieser 2022 vorgestellte Technologieträger kann nicht nur elektrisch arbeiten und fahren, er vereint auch erstmals mehrere Funktionen (Messen, Einschottern, Stopfen, Planieren, Verdichten) in einer Maschine – ist aber noch lange keine Umbaumaschine. Der Prototyp ist für schnelle, begrenzte Einsätze in kurzen Sperrpausen beispielsweise auf Schnellfahrstrecken und an deren Weichen gedacht. (Foto: Plasser & Theurer)

Möglich ist inzwischen der Umbau von vorhandenen Maschinen, namentlich von Stopfmaschinen, auf elektrische Antriebe. Im Rahmen eines „Retrofits", also einer Maschinenmodernisierung, können konventionelle Stopfaggregate gegen neue gleicher Leistung, aber mit elektrischen Antrieben rotierender Funktionen getauscht werden. Die elektrischen Antriebe sind in der Energiebilanz günstiger. Vorerst bleibt es hingegen bei linearen Bewegungen im Stopfaggregat noch beim hydraulischen Antrieb.

Vollelektrische Umbaumaschinen sind noch längerfristig nicht in Sicht. Ein elektrischer Betrieb unter Frischstrom aus der Oberleitung dürfte bis auf weiteres ausgeschlossen sein, denn beim Gleisumbau muss die Fahrspannung stets abgeschaltet und die Oberleitungsanlage geerdet sein. Ein vollelektrischer Betrieb rein mit gespeicherter Energie aus Akkumulatorbatterien dürfte angesichts des hohen Energiebedarfs auf mittlere Sicht ebenfalls schwer vorstellbar sein. Chancen könnte die auch in anderen Sektoren diskutierte Erzeugung elektrischer Energie an Bord mittels Brennstoffzelle haben; diese ist aber derzeit auch noch nicht greifbar oder in Sicht.

Voraussichtlich ist bis auf weiteres nicht damit zu rechnen, dass – anders als in einigen Ländern bereits beim Stopfmaschineneinsatz – emissionsfreier Betrieb bei Ausschreibungsverfahren in Deutschland Bonuspunkte einbringen könnte. Die aktuelle Diskussion über eine Dekarbonisierung im Schienenverkehr wie auch das unternehmerische Ziel der DB AG einer Klimaneutralität bis 2040 werden die Entwicklung alternativer Antriebe und den Einsatz alternativer Kraftstoffe auch bei Nebenfahrzeugen in den nächsten Jahren sicherlich beschleunigen. Im Hinblick auf die Langlebigkeit der Großmaschinen gilt es hier, rechtzeitig einen Transformationsprozess auf den Weg zu bringen. Mit einem seitens der BVMB initiierten Branchendialog zu alternativen Antrieben bei Nebenfahrzeugen der Bahnen ist zwischenzeitlich auch von Seiten der Bauwirtschaft ein Schritt in diese Richtung getan.

Nur der Vollständigkeit halber erwähnt seien hier vollelektrisch arbeitende Hand- oder Kleinmaschinen, wie sie auch im Umfeld des konventionellen Gleisumbaus zum Einsatz kommen können. Diese Maschinen arbeiten rein elektrisch, entweder kabelgebunden oder unter Verwendung leistungsstarker, für den robusten Bahnbau konstruierter Energiespeicher (Akkumulatorbatterien). Sie sind energieeffizienter als alle Verbrennungsmaschinen (Benzin/Diesel), zudem entfallen Geräusch-, Abgas- und Geruchsemissionen sowie, da wartungsfrei, auch Instandhaltungszeiten. Eine Entscheidung zwischen konventionellem und maschinellem Gleisumbau können die elektrischen Handmaschinen aufgrund ihrer für die Gesamtaufgabe nur untergeordneten Bedeutung nicht beeinflussen.

11.5 Weitere Kosten

In der Kriteriengruppe „Wirtschaftlichkeit" ist kein direkter einfacher Kostenvergleich zwischen konventionellem und maschinellem Gleisumbau zu finden. Eine pauschalisierte Kostenbetrachtung anhand von Erfahrungen aus der Praxis ist nicht unproblematisch, da aufgrund der Vielzahl der Variablen nicht bekannt ist, welche Kostenblöcke genau berücksichtigt und eingerechnet wurden. Hier sind als Beispiele einerseits Handlingaufwand und Lagerplätze zu nennen (konventioneller Gleisumbau), andererseits die durchaus beträchtlichen Trassenentgelte für Überstellfahrten von Großmaschinentechnik. Die Untersuchung von Lillie/Kantorski erbrachte in den Befragungen keine Bestätigung der „allgemein vorherrschenden Meinung, dass ein konventionelles Umbauverfahren generell viel günstiger als der Einsatz von GMT sei"[3]. Zu bedenken, wenn auch letztlich allein nicht ausschlaggebend für die Verfahrensauswahl, sind weitere erkannte, versteckte Kosten, Beispiele nachstehend. Sie werden bei Ausschreibung der reinen Bauleistung zumeist nicht einbezogen.[4]

11.5.1 Logistik und Waggongestellung

Laut Lillie/Kantorski werden die „für einen schienengebundenen Materialtransport benötigten Wagen" bei der Ausschreibung in der Regel nicht explizit berücksichtigt.[5] Grund für diese Angabe ist, dass der Auftragnehmer eigene oder angemietete Wagen eventuell selbst stellt: „Somit bleiben Trassenentgelte sowie die notwendigen Abschreibungs- und Reparaturkosten bei der Wagengestellung versteckt und sind nicht in der eigentlichen Bauleistung integriert." Beim konventionellen Gleisumbau ergeben sich – vgl. Abschnitt 11.2 – durch „fehlende oder verspätete Wagenbereitstellung durch den Auftraggeber Zusatzkosten durch Logistiknachträge und Stillstandszeiten", die bei der Ausschreibung nicht vorhersehbar waren. Beim maschinellen Gleisumbau hingegen sind die Wagen für die Logistik zumeist Teil eines Komplettpaketes, hier muss dann der Auftragnehmer sicherstellen, dass Fahrzeuge und Transportleistung verfügbar sind.

3 Lillie, Dirk; Kantorski, Sebastian: Abschlussbericht, a.a.O. (S. 21)
4 Lillie, Dirk; Kantorski, Sebastian: Abschlussbericht, a.a.O. (S. 25)
5 dto.

11.5.2 Material

Lillie/Kantorski stellten 2014 fest, dass bei Bettungsreinigung durch Großmaschinentechnik mögliche erhebliche Verringerungen des Neuschotterbedarfs „während der Submission nicht als Wettbewerbsvorteil gewertet“ wurden, da „bei den reinen Baukosten nicht berücksichtigt“[6]. Diese „versteckten Kosten“ dürften bei Anwendung der Entscheidungsmatrix, siehe Abschnitt 8.5 „nachhaltiges Materialmanagement“, Vergangenheit sein.

11.5.3 Lagerplätze

Auch schienengebundener Materialtransport erfordert mitunter Lagerplätze in Baustellennähe. Beispiele sind Pufferflächen bei sehr großem Materialanfall, wie bei der Sanierung der Schnellfahrstrecken mit ihrer zeitlich eng getakteten Baudurchführung auf langen Abschnitten. Hier sind wenige, aber große Lagerplätze genutzt worden, während die vorerwähnten Lagerplätze beim konventionellen Gleisumbau eher kleiner sind, je nach Baulänge aber durchaus zahlreicher. Überwachung und Räumung der Lagerflächen samt Rückbau werden als interne Eigenkosten des Auftraggebers oft nicht in die Gesamtplanung einbezogen. Lillie/Kantorski bezeichnen dies daher ebenfalls als versteckte Kosten[7]. Sie sind bei Bearbeitung unter Zuhilfenahme der Entscheidungsmatrix unter dem Kriterium „Materiallogistik“ zu berücksichtigen (vgl. Abschnitt 8.2).

11.5.4 Sonstige Kosten

Die Erhebungen von Lillie/Kantorski führten zu der Erkenntnis, dass Betriebserschwerniskosten in Planung und Kalkulation zumindest vereinzelt nicht eingehen. Als Faktoren genannt werden Kosten in der Verwaltung, für den Schienenersatzverkehr „sowie der unabsehbare und unbezifferbare Imageverlust des System Bahn“[8].

Absolut nicht bezifferbar sind Verluste durch die Abwanderung schwer zurückzugewinnender Fahrgäste im Personen- und durch Verkehrsverlagerungen auf die Straße im Güterverkehr als Folge zeitlich ausgedehnter Baumaßnahmen. Solche indirekten Kosten und der erwähnte Imageverlust sollten bei der Verfahrensauswahl bedacht werden.

Manchmal kann schon eine frühzeitige, gute und inhaltlich korrekte, Verständnis schaffende Information aller Kunden, also der Reisenden, der Anschließer und der Güterbahnen, ein probates Gegenmittel gegen baubedingten Imageverlust sein. Ein einfacher Verweis auf das Internet als Informationsquelle und dort dann unzutreffende, weil nicht aktuelle Daten reicht nicht aus. Mit der Einrichtung des Bauinformationsdialogs zwischen Infrastrukturbetreiber und EVU wurde ein Format geschaffen, das diesen Ansatz aufnimmt und in die richtige Richtung weist. Bei Bauvorhaben im urbanen Umfeld hat es sich bereits als hilfreich in Sachen Verständnis bei Kunden und Anliegern erwiesen, Ansprechpartner vor Ort zu benennen und ein Büro zu besetzen. Auch dies verursacht Kosten, die aber ungleich größere Ausfälle und Verluste mindern können.

6 dto.
7 Lillie, Dirk; Kantorski, Sebastian: Abschlussbericht, a.a.O. (S. 26)
8 dto.

12 Ausblick

Die auch im Baubaubereich immer stärker fortschreitende Digitalisierung verändert nicht nur bekannte Methoden und Verfahren, sie schafft auch neue Perspektiven. So kann beispielsweise die schnelle, aktuelle, sichere und eben digitale Ermittlung des Ist-Zustandes der Infrastruktur wesentliche Erkenntnisse auch für die kapazitätsschonende Instandhaltung liefern.

12.1 Digitale Erfassung von Streckendaten

Ein Hilfsmittel für die digitale Erfassung der äußeren Geometrie der Strecken-Infrastruktur wurde erstmals auf der Fachmesse InnoTrans 2018 in Berlin präsentiert: Das Messfahrzeug (**EM100VT ▶** Anhang – E11) versammelt als Prototyp und Trägerfahrzeug zahlreiche technologische Neuerungen und Digitaltechnik auf engem Raum. Der nur auf den ersten Blick unscheinbare Messwagen ist in der Lage, bei Fahrgeschwindigkeiten bis zu 100 km/h Streckendaten hochpräzise volldigital zu erfassen. 2022 wurde als zweites Messfahrzeug mit erweitertem Funktionsumfang der EM120VT vorgestellt. Das „VT" steht dabei nicht für Dieseltriebwagen, sondern für „Virtual Track", das virtuelle Gleis. Aus den gewonnene Streckendaten wird von spezieller Software der „Digitale Zwilling" – (**Digital Twin ▶** Anhang – E12) der vermessenen Strecke erstellt.

Abb. 12.1: Der Messwagen EM120VT untersucht bei bis zu 120 km/h den Gleiskörper auf Lage und Zustand. (Foto: Plasser & Theurer)

Für die Instandhaltung vorhandener Anlagen muss zunächst der reale Ist-Zustand aufgenommen werden. Die in der Vergangenheit mit großem personellen und zeitlichen Aufwand händisch aufgenommenen Messdaten werden hier präzise zeitrafferartig erfasst. Dem dient die Messfahrt. Der „Digital Twin" als virtuelles Abbild der Wirklichkeit im Computersystem bildet dann die Arbeitsgrundlage, dreidimensional und sehr detailliert. Das hilft ganz entscheidend, die Planung von Instandhaltungsmaßnahmen zu erleichtern.

Abb. 12.2: Beispiel für eine vom EM100VT digital erzeugte dreidimensionale Punktwolke als Grundlage zur Errechnung des „Digital Twin", in zweidimensionaler Wiedergabe.
(Foto: Plasser & Theurer)

Am virtuellen Fahrweg kann jedes Vorhaben zur Aufwandsermittlung und als Entscheidungshilfe punktgenau vorgeplant werden, räumlich wie zeitlich. Die Entwicklung erkannter Veränderungen lässt sich in die Zukunft hochrechnen. Das ermöglicht es, den Betrieb beeinflussende und dann teure Schäden kurz vor Störungseintritt im Rahmen der Prädiktiven Instandhaltung zu beseitigen.

12.2 DIANA

Auch andere Daten können unabhängig von jenen der Strecke vielerorts bereits in die Planung von Instandhaltungsarbeiten einbezogen werden. „Intelligente Weichen" machen nicht nur den Zugverkehr sicherer, sie lassen dank integrierter Sensoren via Datenleitung und Rechner im Stellwerk auch Rückschlüsse auf ihren Zustand und eventuelle Störungen zu (DIANA – Diagnose- und Analyseplattform der Deutschen Bahn AG/DB Netz AG). Verglichen werden Referenz- und Ist-Stromkurve des Weichenantriebs: Bei Störungen, aber auch durch Verschleiß verändert sich der elektrische Strom im Stellmotor während des Stellvorganges. Daraus lassen sich seit 2015 an immer mehr Weichen Erkenntnisse über möglichen Instandhaltungsbedarf ableiten und dessen Zeitraum hochrechnen. Auch dies wird die Prädiktive Instandhaltung unterstützen und damit die Koordination absehbarer Arbeiten im Sinne des Kapazitätsschonenden Bauens.

Weitere Projekte untersuchen, ob und inwieweit auch Fahrbahnbauteile, Bahnübergänge, Stellwerke und sogar Anlagen in Gebäuden mit der Diagnose- und Analyseplattform überwacht werden können. Die Plattform DIANA wird mittelfristig alle digitalen Daten für ein Gesamtbild des Infrastrukturzustandes zusammenfassen. Perspektivisch erstellt ein Algorithmus daraus laufend ein detailreiches Datenmodell der linearen Infrastruktur.

12.3 Prädiktive Instandhaltung und Kapazitätsschonendes Bauen

Liegen die dynamisch erfassten Streckendaten umfassend vor, lässt sich die Instandhaltung nicht nur früher als bislang planen und über einen Algorithmus eine Voraussage zur weiteren Entwicklung des Instandhaltungsbedarfs – eben prädiktiv – treffen. Es kann auch im Detail genauer als je zuvor geplant werden. Da alle erforderlichen Streckendaten und Kriterien erfasst sind, wird das Kapazitätsschonende Bauen unter Aufrechterhaltung des Bahnbetriebes von den neuen Möglichkeiten ganz erheblich profitieren: Wenn die Datenaufnahme nicht nur gelegentlich, vor fristgemäß absehbaren Bauarbeiten oder nach Auftreten von Störungen, sondern systematisch und zyklisch erfolgt, wird die Prädiktive Instandhaltung sehr erleichtert. Die breite Datenbasis unterstützt jede Maßnahmenplanung und erleichtert gegebenenfalls erforderliche risikobasierte Instandhaltungsplanung. Wird die Fehlerbewertung nach Risikoklassen in der Prädiktiven Instandhaltung konsequent eingeführt und umgesetzt, so lassen sich erforderliche Maßnahmen im Rahmen der vorausschauenden Planung rechtzeitig erkennen, bündeln und zeitlich – idealerweise sogar in fahrplanmäßigen Zugpausen – terminieren. Wird dann konzentriert und optimiert gebaut, hat das wiederum ganz unmittelbar positive Auswirkungen im Sinne des Kapazitätsschonenden Bauens.

13 Schlussbetrachtung

Der Handlungsrahmen und die Handlungsfelder für Kapazitätsschonendes Bauen sind erkannt. „Fahren und Bauen“ ist dabei keineswegs nur ein Zielkonflikt zwischen Betrieb und Instandhaltung. „Fahren und Bauen“ ist auch eine Kernkompetenz der Bauwirtschaft. Davon können alle Beteiligten profitieren, aber auch Kunden und Anlieger, sogar Gesellschaft und Umwelt. Erste Maßnahmen zur Erfüllung der erkannten, formulierten und gesetzten Ansprüche sind auf den Weg gebracht. Jetzt gilt es, den eingeschlagenen Weg konsequent weiterzugehen, die identifizierten Maßnahmen weiter konsequent umzusetzen und noch offene Handlungsfelder inhaltlich auszugestalten. Dann wird es gelingen, das Versprechen „Fahren und Bauen“ zur Erfüllung der Kundenerwartungen einzulösen.

Abb. 13.1: Fahren und Bauen (Foto: DB AG/Martin Busbach)

ANHANG – Exkurse E1 bis E12

E1 ZIB – Zukunftsinitiative Bahnbau

Die Deutsche Bahn und die Bahnbaubranche arbeiten seit Anfang 2019 gemeinsam daran, den Herausforderungen im Spannungsfeld zwischen Fahren und Bauen besser zu begegnen. Eine verlässliche, leistungsfähige Infrastruktur ist Voraussetzung für das Gelingen einer Verkehrswende, um der Rolle der Bahnen angesichts des Klimawandels gerecht werden zu können. Daher sind Bauen, Instandhalten und Sanieren nicht Probleme der Schieneninfrastruktur, sondern Teil der Lösung. Dafür haben sich die Vorstände von DB Netz AG und DB Station&Service AG sowie BVMB (Bundesvereinigung Mittelständischer Bauunternehmen e. V.), HDB (Hauptverband der Deutschen Bauindustrie e. V.), VDB (Verband der Bahnindustrie in Deutschland e. V.) und ZDB (Zentralverband des Deutschen Baugewerbes e. V.) 2019 in der Zukunftsinitiative Bahnbau (ZIB) zusammengefunden. Für die DB AG ist die ZIB eines der wichtigsten Dialog- und Kommunikationsformate gegenüber ihren Lieferanten[1].

Vor dem Hintergrund der Anforderungen an das Bauen im Bereich der Eisenbahn – „unter dem rollenden Rad“ – und des Anstiegs der verfügbaren Finanzmittel sowie auch der demografischen Rahmenbedingungen und des Klimawandels will die ZIB kooperative Maßnahmen entwickeln und fördern, um die Realisierung der gemeinsamen Ziele zu unterstützen. Schnelleres, effizienteres und innovativeres Bauen in partnerschaftlicher Zusammenarbeit von Bauwirtschaft, Planern und DB AG ist erforderlich, um neue und beste Problemlösungen zu finden. Attraktive Bahnbauberufe, die Berücksichtigung von Rahmenbedingungen und Umweltzielen sowie mehr Transparenz, Produktivität und Innovation gehören dazu, wenn es gilt, die Weichen für eine moderne und zukunftsfähige Schieneninfrastruktur zu stellen.

In vier Arbeitsgruppen der ZIB arbeiten rund 130 Experten an Ideen und Lösungen, insbesondere zur Schaffung einer verlässlichen und starken Schieneninfrastruktur sowie der Steigerung der Attraktivität des gesamten Bahnbausektors, auch um die Umsetzung einer klimaorientierten Mobilitätswende mitzugestalten. Ein zentrales Anliegen ist es, Bahn-Infrastrukturprojekte effizienter und schneller umzusetzen und damit die Verkehrswende deutlich voranzutreiben. Im Februar 2020 ernannte der Vorstand der DB Netz AG einen Umsetzungsverantwortlichen für die Maßnahme ZIB. Mit Stand 2021 wurden 48 Maßnahmen entwickelt, 28 davon sind bereits umgesetzt.

Mit Abschluss des Projekts Zukunftsinitiative Bahnbau (ZIB) im Sommer 2022 verständigten sich die Beteiligten auf eine Fortführung der gemeinsamen erfolgreichen Arbeit in den kommenden Jahren unter dem neuen Label „ZIB Forum“.

E2 Starke Schiene Deutschland

„Starke Schiene“ ist eine Dachstrategie der Deutschen Bahn AG, mit der sie die Voraussetzungen schafft, um mehr Verkehr auf die Schiene zu bringen. Sie soll dem Land helfen, existenzielle Herausforderungen zu meistern[2]. Wegen des Klimawan-

1 Deutsche Bahn AG, Integrierter Bericht 2022, Berlin, 2022, S. 33
2 Deutsche Bahn AG, Integrierter Bericht 2021, Berlin, 2021, S. 52

dels und um die Erderwärmung zu begrenzen, muss die Schiene an Bedeutung gewinnen, zumal der Verkehr insgesamt zunimmt. Mit der Dachstrategie „Starke Schiene“ werden zentrale verkehrs- und klimapolitische Ziele der Bundesregierung in Angriff genommen. Mit der Strategie will die Bahn robuster, schlagkräftiger und moderner werden. Starke Schiene bedeutet in diesem Zusammenhang

- 100 % Grüner Strom bis 2038
- 70 % mehr Verkehrsleistung im Güterverkehr
- 30 % mehr Netzkapazität
- Einführung der „Digitalen Schiene“
- Bahnhöfe werden zu Drehscheiben moderner Mobilität
- Verdoppelung der Fahrgastzahlen im Fernverkehr auf über 260 Mio./Jahr
- eine Milliarde zusätzliche Kunden im Nahverkehr
- 100.000 neue Mitarbeiter

Dafür ist – unter anderem – geplant, die Infrastruktur zu erweitern, Milliarden in den Aus- und Neubau von Strecken und Knoten zu investieren, Prozesse neu aufzustellen und das Innnovationstempo zu erhöhen. Im Integrierten Bericht der DB AG 2022 sind die Ziele der Starke Schiene in Deutschland näher erläutert. Unter dem Punkt „Erhöhung der Kapazität im Schienennetz“ mit dem Zielwert Steigerung der Betriebsleistung auf dem Netz um mindestens 30 % (bezogen auf das Jahr 2015) sind kurz diese Maßnahmen festgeschrieben:

- Ausbau der Netzkapazität. Das umfasst auch Maßnahmen der Netzkonzeption 2030 und den Deutschland-Takt.
- Vorantreiben der Digitalisierung des Netzes, z. B. durch den Flächenrollout von ETCS, digitalen Stellwerken und digitalem Bahnbetrieb.
- Vorhandene Kapazitäten besser nutzen: weniger Störungen, kapazitätsschonendes Fahren und Bauen, verkehrliche Optimierung und bessere Auslastung unterausgelasteter Infrastruktur.

Laut DB-Vorstand Dr. Richard Lutz war die Starke Schiene „vor der Corona-Pandemie die richtige Strategie für die Menschen, die Wirtschaft und das Klima. Sie hat sich in der Pandemie bewährt. Und sie ist der richtige Kompass für die Zeit danach.“[3] Die Bundesvereinigung Mittelständischer Bauunternehmen e. V. (BVMB) unterstützt die Starke Schiene in Deutschland.

E3 LuFV I bis III – die Leistungs- und Finanzierungsvereinbarungen

Ein gewichtiger Schritt hin zur gesicherten und zukunftsorientierten Instandhaltung der Bahninfrastruktur war die Aufstellung der ersten Leistungs- und Finanzierungsvereinbarung über die Instandhaltung und den Ersatz der Infrastruktur der Eisenbahninfrastrukturunternehmen (EIU) der Deutschen Bahn AG, kurz LuFV. Vertragspartner sind die Bundesrepublik Deutschland (vertreten durch das Bundesministerium für Verkehr und digitale Infrastruktur/BMVI), die EIU des Bundes (DB Netz AG, DB Station&Service AG, DB Energie GmbH) sowie die Deutsche Bahn AG. Der ersten LuFV von 2009 folgten 2014 die LuFV II und 2020 die LuFV III. Die LuFV regelt und Instandhaltungsaufwendungen zur Erhaltung und Verbesserung des Zustands der Schienenwege des Bundes. Die Finanzierung von Neu- und Ausbaumaßnahmen hingegen geschieht über das Bundesschienenwegeausbaugesetz (BSWAG) und das

3 Deutsche Bahn AG, Integrierter Bericht 2021, Berlin, 2021, S. 26

Gemeindeverkehrsfinanzierungsgesetz (GVFG). Zur LuFV gehört, dass die DB AG jeweils zum 30. April einen Infrastrukturzustands- und -entwicklungsbericht (IZB) als Instrument zur Dokumentation der Entwicklung des Netzzustandes vorzulegen hat. Die Texte der LuFV und der IZB sind über die Internetseiten des Eisenbahn-Bundesamtes abrufbar[4].

Die am 14. Januar 2020 unterzeichnete dritte LuFV sieht bis 2030 die Bereitstellung von (mindestens) 86,2 Mrd. Euro an Instandhaltungsmitteln vor, von denen noch 2020 6,3 Mrd. Euro verausgabt wurden. 24,2 Mrd. der Gesamtsumme sollen dabei Eigenmittel der DB AG sein, 51,4 Mrd. Euro kommen aus dem Bundeshaushalt. Der Rest sind unter anderem Mittel aus Dividendenzahlungen und investive Eigenmittel der EIU. Als Faustregel gilt, dass jährlich 2000 Kilometer Gleis, 2000 Weichen und bis 2029 mindestens 1200 Eisenbahnbrücken erneuert werden sollen. Der jährlich zur Verfügung stehende Betrag wächst in der Dekade von jährlich 7,66 Mrd. auf 9,04 Mrd. Euro an. Für Stellwerkstechnik sind rund sieben Milliarden Euro vorgesehen. Die LuFV III enthält erstmals ein Budget für Kapazitätsschonendes Bauen. Die Laufzeit der LuFV III von ebenfalls erstmals zehn Jahren schafft Planungssicherheit für die DB AG und die bauende Wirtschaft. So können Kapazitäten bei Bau- und Planungsfirmen zukunftssicher aufgebaut und langfristige Vereinbarungen mit Lieferanten geschlossen werden. Die LuFV setzt auf umfassende Transparenz und Kontrolle. Das Eisenbahn-Bundesamt überwacht die Umsetzung der Vereinbarung.

E4 Digitale Schiene Deutschland

„Mit dem Programm Digitale Schiene Deutschland will der DB-Konzern die Zuverlässigkeit, Qualität, Flexibilität sowie die Transportkapazität und die Kosteneffizienz der Schiene deutlich steigern. Dazu nutzt er konsequent die Chancen neuer digitaler Technologien. Das Zielbild ist ein digitalisierter Schienenverkehr mit integriertem System aus Kapazitätsmanagement und Betriebsdurchführung. Eine wichtige Grundlage dafür bilden eine intelligente Infrastruktur für die Koordination des Zugbetriebs, eine Echtzeitermittlung von Zugpositionen, ein hochperformanter Datenaustausch zwischen Zug und Infrastruktur sowie eine sensorikbasierte Hinderniserkennung. (…) Das Projekt erfordert vertiefte Technologiepartnerschaften innerhalb und außerhalb der Bahnindustrie.(…)“[5].

Die Digitale Schiene Deutschland (DSD) schafft über den flächendeckenden Ausbau der europäischen Leit- und Sicherungstechnik (European Train Control System ETCS) in Verbindung mit dem Bau digitaler Stellwerke (DSTW) sowie dem digitalen Bahnbetrieb ein Potenzial von zusätzlichen 100 Mio. Trassenkilometer jährlich – ohne neue Strecken zu bauen[6]. Eine vollständige Ausrüstung des Netzes mit digitaler Leit- und Sicherungstechnik ist laut DB AG bis 2035 möglich. Als erste Region Deutschlands wird Stuttgart die digitale Zugsicherungs- und Stellwerkstechnologie bekommen. Die Umrüstung der Fahrzeuge für den Einsatz im Digitalen Knoten Stuttgart (DKS) begann 2022. Die Digitale Schiene Deutschland GmbH, eine 100%-Tochtergesellschaft der DB AG in Berlin, koordiniert die Arbeiten.

4 https://www.eba.bund.de/DE/Themen/Finanzierung/LuFV/lufv_node.html, zuletzt aufgerufen am 06.07.2022
5 Deutsche Bahn AG, Geschäftsbericht 2017, Berlin, 2017, S. 19 f.
6 Angaben nach Deutsche Bahn AG, Integrierter Bericht 2021, Berlin, 2021

E5 „Fahren und Bauen“: PRO2020

Zum 1. Oktober 2020 hat sich die DB Netz AG eine neue Organisationsstruktur gegeben. Mit der „Prozessorientierten Organisation 2020“ (PRO2020) richtete die DB Netz AG sich für die anstehenden Herausforderungen aus, verbunden mit dem Bestreben, den Anteil der Eisenbahn an der Verkehrsleistung deutlich zu steigern, um die deutschen Klimaziele zu erreichen. Ein besonderer Fokus lag darauf, das Leistungsversprechen „Mehr Kapazität für Zugfahrten“ zu erfüllen und bei bester Qualität auf die Schiene zu bringen. Die vier wichtigsten Prinzipien von PRO2020 sind:

- **Stärkung Betrieb** durch Vereinigung von Betrieb, Fahrplan, Vertrieb und Kapazitätsmanagement in einem Ressort.
- **Zusammenführung** des Anlagen- und Instandhaltungsmanagements aus Fern- und Ballungsnetz sowie den Regionalnetzen in einem Ressort.
- **Bündelung ähnlicher Bauaktivitäten** für Neubau und Ersatzinvestitionen in einem Ressort.
- **Kundenorientierung** durch gesamthafte Steuerung der DB Netz AG und Organisation entlang der Anforderungen ihrer Kunden.

Auch nach den tiefgreifenden prozessorientierten Änderungen durch die Einführung von PRO2020 innerhalb der DB Netz AG ist der erkannte Zielkonflikt „Fahren und Bauen“ eine der größten Herausforderungen beim Zusammenwirken der Ressorts Betrieb und Anlagen- und Instandhaltungsmanagement (AIM).[7]

E6 DiVA-Großbaustellenplanung

Das beste Bauverfahren für eine geplante Gleisbaustelle lässt sich vorab ermitteln und online testen. Das Programm DiVA Großbaustellenplanung berücksichtigt, dass jede Gleisbaustelle ein Unikat ist. Die Wahl des jeweils richtigen oder auch besten Bauverfahrens ist daher eine komplexe Entscheidung, die von diversen unterschiedlichen Parametern abhängt. Sie können in DiVA für maschinellen und konventionellen Gleisumbau ausgewählt oder eingegeben werden. Das Programm stellt vereinfachte Bauabläufe einander gegenüber. DiVA macht es so möglich, über frei konfigurierbare Modellbaustellen unterschiedliche Bauabläufe direkt zu simulieren.

Wenige Klicks definieren die Rahmenbedingungen einer Baustelle und fixieren die bekannten Parameter wie Länge, Position verschiedener Einbauten oder angestrebtes Schichtmodell. Die errechnete Zusammenfassung kann mit Teilen des Bauablauftools SOG® genutzt werden, um die einzelnen Varianten miteinander zu vergleichen. DiVA bietet eine detaillierte Übersicht entstehender Kosten, des zu planenden Bauablaufs sowie der zu erwartenden Bauzeit. DiVA ermöglicht so eine einfache und schnelle Simulation des Bauablaufs bei Bettungsreinigung mit Gleisumbau oder Planumsverbesserung.

Die Onlineapplikation DiVA (digitale Verfahrensanalyse) wurde von der Ingenieurgesellschaft für Verkehrs- und Eisenbahnwesen (IVE, Hannover) entwickelt. Der kostenfreie Zugang zu DiVA findet sich im Internet über https://www.plassertheurer.com/de/mediathek/diva und auch direkt unter https://sog-diva.ivembh.de. Das Programm

7 Kimpel, Florian; Aktualisierung 03 der Richtlinien-Familie 406 und Aufhebung der formungebundenen Weisung aus PRO2020, in: BahnPraxis B, Zeitschrift zur Förderung der Betriebssicherheit und der Arbeitssicherheit bei der DB AG, Frankfurt am Main, 2021, S. 3

dient der allgemeinen Information und ersetzt keine detaillierte Ausarbeitung. Die Darstellungen und Zahlen des Programms stellen lediglich unverbindliche Richtwerte dar, ausgegeben als PDF-Übersicht. Die Berechnungen erfolgen auf Basis im Kalkulationsdokument angeführter Quellen.

E7 DB Netz AG

Die DB Netz AG (Sitz Frankfurt am Main) ist seit 1. März 1998 als 100%-Tochter das Eisenbahn-Infrastrukturunternehmen der Deutschen Bahn AG mit ihren über 51.250 Beschäftigten (Stand 2021) für das Streckennetz sowie alle zugehörigen betriebsnotwendigen Anlagen verantwortlich. Um allen Eisenbahnverkehrsunternehmen eine Infrastruktur in hoher Qualität und Verfügbarkeit diskriminierungsfrei zur Verfügung zu stellen, gehören zu den Aufgaben der DB Netz AG unter anderem die Erstellung von Fahrplänen, die Betriebsführung, das Baustellenmanagement und die Verantwortung für die gesamte Instandhaltung. Der Zuständigkeitsbereich der DB Netz AG betrifft das größte Schienennetz Europas und rund 87,5% aller Eisenbahnstrecken in Deutschland. 2015 wurde das Projektmanagement der DB Projektbau GmbH integriert und 2017 der Bahnbetrieb der S-Bahn Berlin mit ihrem separaten Gleichstromnetz übernommen. Zum 1. Oktober 2020 wurde die DB Netz AG organisatorisch neu aufgestellt. „Fahren und Bauen“ bestimmt das Handeln der DB Netz AG.

Sie generiert ihren Umsatz (2021: 5,984 Mrd. Euro) überwiegend über Trassenentgelte, also mit dem Verkauf von Trassen an die Eisenbahnverkehrsunternehmen (Fahren). Instandhaltung, Um-, Aus- und Neubau sind die Kostenfaktoren (Bauen). Auf dem Streckennetz der DB Netz AG wird jährlich fast 1,11 Milliarde Trassenkilometer gefahren, täglich gibt es durchschnittlich 23.500 Zugfahrten (Stand 2020). Die Grundlage dafür bilden 60.928 Gleis-km mit 33.401 km Betriebslänge, ferner 65.550 Weichen und Kreuzungen. Im Netz gibt es 745 ein- und mehrgleisige Tunnel mit 594,7 km Gesamtlänge. Zudem befinden sich im Netz 25.180 Eisenbahnbrücken, 13.675 Bahnübergänge – Tendenz fallend – und 3847 Stellwerke aller Art, davon 1433 elektronische Stellwerke (ESTW).[8]

E8 BVMB – Bundesvereinigung Mittelständischer Bauunternehmen e. V.

Die Bundesvereinigung Mittelständischer Bauunternehmen e. V. (BVMB, Sitz Bonn) ist seit 1964 ein bundesweit tätiger Wirtschaftsverband. Die Mitgliedsunternehmen, kleine bis große vor allem aus den Bereichen Straßen-, Ingenieur- und Tiefbau, Hoch- und Bahnbau, erwirtschaften mit zusammen mehr als 250.000 Mitarbeitern ein Umsatzvolumen in Höhe von rund 30 Mrd. Euro im Jahr. Die zu bewahrenden Strukturen der mittelständischen Bauwirtschaft sind einmalig in Europa. Einige der Verbandsziele sind faire Wettbewerbsbedingungen auch für den Mittelstand, Bekämpfung des Nachwuchs- und Fachkräftemangels, von ruinösem Preiskampf und Preisverfall, von Korruption und illegaler Beschäftigung, aber auch die Einforderung der Bauherrenpflicht, insbesondere der öffentlichen Hand und der Deutschen Bahn AG, pünktliche Zahlungen für mangelfrei erbrachte Bauleistungen zu leisten und Nachtragsangebote schnell zu prüfen, zu beauftragen und zu bezahlen.

8 Alle Angaben nach: Deutsche Bahn Daten & Fakten 2021; Berlin, 2021

Die BVMB unterstützt die „Starke Schiene" in Deutschland. 120 Verbandsmitglieder gehören dem BVMB-Arbeitskreis Bahn an. Er ist damit die größte deutsche Interessenvertretung der mittelständischen Gleis- und Bahnbauunternehmen, zusätzlich auch von zahlreichen am Gleis tätigen Sicherungsunternehmen. Die BVMB sieht sich als Schnittstelle zum Dialog mit Entscheidungsträgern der DB AG. Der Arbeitskreis Bahn fordert die Sicherstellung VOB-konformer, fairer sowie mittelstandsgerechter Ausschreibungs- und Vertragsbedingungen, politische Initiativen zur Verstetigung und Erhöhung der Investitionen in die Schieneninfrastruktur, die Optimierung von Prozessen bei der DB AG und in den Unternehmen, die Herstellen von Chancengleichheit im Wettbewerb, Verhinderung von Subventionierung und Bevorzugungen bahneigener Betriebe. Gemeinsam mit der DB AG sorgt der Arbeitskreis für Maßnahmen zur Beschleunigung von Planungsprozessen.

Im Juli 2021 gab die BVMB bekannt, dass auf gemeinsame Initiative mit der DB AG die Spitzenverbände der Bauwirtschaft, der Verband der Bahnindustrie in Deutschland und der Verband Beratender Ingenieure ein Beschleunigungspaket Bahnbau entwickelt wurde. Es liegt dem Bundesminister für Digitales und Verkehr vor. Hintergrund sind die Herausforderungen, die mit Blick auf Ausbau und Modernisierung der Bahn-Infrastruktur in den nächsten Jahren anstehen.

E9 Das Projekt I.NXV der DB Netz AG

Seit 2020 führt die DB Netz AG neben anderen auch das „Projekt Optimierung Netz-Verbundprozess Fahren und Bauen (I.NXV)". Das Projekt I.NXV entwickelt übergreifende Lösungen von der Entstehung des Baubedarfes lange vor Baubeginn bis zum Tag der ersten Zugfahrt nach Fertigstellung. Für die Bearbeitung der sechs Kernprozessverbesserungen im Projekt I.NXV wurden vier Teilprojekte (TP) eingerichtet:

- TP 1 Investitionsbedarf (Frühwarnsystem Oberbauprogramm 2021, Stabilisierung Oberbauprogramm 2022 und Soll-Prozess Oberbauprogamm),
- TP 2 Projektplanung (Anmeldestandards, Nachweise adäquaten Projektfortschritts),
- TP 3 Baubetrieb/Fahrplan (Neuaufsatz der mittelfristigen Baupriorisierung und Arbeitshilfe zur unterjährigen Steuerung),
- TP 4 Verbundprozess Fahren & Bauen (Arbeitshilfe, Anforderungen an die IT).

Das Projekt „Optimierung Netz-Verbundprozess Fahren und Bauen (I.NXV)" startete am 1. Februar 2020. Vorgänger was das mit dem 31. Dezember 2019 ausgelaufene Projekt „Kapazitätsmanagement".

E10 Starkes Netz

Mit ihrer Geschäftsfeldstrategie „Starkes Netz" übernimmt die DB Netz AG Verantwortung im Rahmen der DB-Dachstrategie „Starke Schiene". Ziel sind mehr als 30 % Betriebsleistungszuwachs im Netz bis 2040 gegenüber 2015. Das „starke Netz" soll leistungsfähiger, verlässlicher, digitaler und größer werden, kurz: mehr Trassen und bessere Angebote. Um dies verwirklichen zu können, wurden mehrere Bausteine definiert. Einer davon: Das Kapazitätsmanagement Netz für mehr Kapazität durch Optimierung von „Fahren und Bauen". Zudem gab sich die DB Netz AG zum 1. Oktober 2020 eine neue Struktur (siehe „PRO2020").

E11 Die Messwagen „EM100VT“ und „EM120VT“

Mussten (und müssen) bislang alle notwendigen Planungsdaten für Erhaltungsarbeiten an der Bahn-Infrastruktur wie beispielsweise Erneuerungen des Oberbaus fristenbasiert oder sogar reaktiv mittels Begehung, Vermessung und mit Messfahrten Meter für Meter erfasst werden, so kann dies jetzt dank der Laser- und Digital-Technik berührungslos, hochautomatisiert und hochexakt mit nur einer Überfahrt erledigt werden. Laserscanner, feste Ortsmarken und Elektronik ersetzen den Gang mit dem Messrad, die handgeschriebenen Vermerke zu Störungen, Abweichungen und Auffälligkeiten ebenso wie die häufig zugehörige Fotodokumentation.

2018 stellte Plasser & Theurer einen digitalen Messwagen, den EM100VT, vor. Alle Messkomponenten arbeiten trotz Prototypstadium im Echtbetrieb. Sie liefern präzisen Aufnahmen der Streckendaten als Planungsgrundlage und zum Vorher-/Nachher-Vergleich bei Sanierungen. Diverse Strecken in mehreren Ländern wurden bereits erfasst, von der Nebenbahn bis zur Schnellfahrstrecke. Der exakten Zuordnung der aufgezeichneten Gleislage dienen neben einem Multiantennensystem für die Satelliten-Navigation (GNSS, GPS) sogenannte Referenzpunkte entlang der Strecke. Dies sind retroreflektierende, grafische Markierungen an Oberleitungsmasten. Sie werden vom EM100VT auch bei schneller Vorbeifahrt zuverlässig per Infrarot-Stereokamera digital erfasst.

Der Digitale Zwilling als genaues, dreidimensionales Abbild der realen Strecke und Planungsgrundlage auch für Prädiktive Instandhaltung und Baubedarfsplanung entsteht im Computer, die Datengrundlage liefert der EM100VT. Das ermöglicht eine nachhaltige Optimierung des Eisenbahnfahrwegs, besonders hilfreich bei Retrassierungen. Alle relevanten Attribute des realen Fahrwegs werden in eine virtuelle Welt gespiegelt – es entsteht der Digital Twin als konsistentes, datenbankgestütztes Fahrwegmodell. Es enthält eine Fülle von Informationen sowie deren Abhängigkeiten untereinander. Der Digital Twin bildet eine qualitativ hochwertige Datengrundlage für eine BIM-konforme Planung (Building Information Modeling).

Eine Weiterentwicklung des EM100VT ist der 2022 vorgestellte EM120VT von Plasser Italia. Das bewährte auf inertialer Messtechnik beruhende Gleisgeometriemesssystem ermittelt auch hier die Gleislage zwischen den Fixpunkten. Das Fixpunktmesssystem ist unverzichtbar für die moderne Vermessung der gesamten Gleisinfrastruktur, besonders für Hochgeschwindigkeitsstrecken. Auch die innere Gleisgeometrie, wichtig für Entgleisungssicherheit und Gleislagequalität, lässt sich aus den berührungslos ermittelten und mit GPS-Standorten verknüpften Daten ableiten.

Zur Feststellung und Analyse des Verschleißzustandes am Schienenkopf verfügt der EM120VT über Lasersensoren zur Schienenprofilmessung. Bei bis zu 120 km/h wird das Ist-Profil der Schiene gemessen und dann im Computer mit dem Soll-Profil verglichen. Zwei Georadarsysteme des EM120VT ermöglichen zudem eine umfassende, lückenlose Erkundung des Gleiskörpers unter der Schwelle, kontaktlos mittels elektromagnetischer Wellen und bis zu 2,50 m tief. Das erlaubt die Erfassung von Parametern wie Schlammstellen, Verschmutzungsgrad und Schichtgrenzenverlauf. Weitere Messysteme überwachen diverse Aspekte rund ums Gleis, von der Oberleitungsanlage und deren exakter Position bis zum Vorhandensein der technischen Streckenausrüstung.

Der EM120VT ist aber nicht nur Trägerfahrzeug im praktischen Einsatz, sondern bildet auch eine Forschungsumgebung für weitere Technologiesprünge mit hohem Anwendungspotenzial. Hier werden Daten gesammelt und ausgewertet, um mit den Ergebnissen neuen Systeme wie beispielsweise eine Hohllagen-Detektion oder eine Walzzeichenerkennung zu verbessern.

E12 Digital Twin und Laserscan als Planungshilfe

Ziel unter anderem der Projekte EM100VT und EM120VT ist, alle gewonnenen Daten in die Erstellung des Digital Twin der Strecke einfließen zu lassen. Dafür werden die äußere Geometrie der Strecke (Fix- bzw. Referenzpunkte), die innere Geometrie des Gleises (Gleislage, Schienenzustand, Raumkurven) und die Georefenzdaten (Satellitennavigation) zusammengeführt. Der digitale Zwilling einer vorhandenen Strecke zeigt alle Maße und Dimensionen, Eigenschaften und Merkmale, Belastungen und Störungen, somit beispielsweise auch alle Lagefehler und andere Abweichungen vom Idealzustand genau so, wie sie in der Realität vor Ort anzutreffen sind.

Die zwei 3D-Laserscanner des EM100VT machen pro Sekunde jeweils 250 Umdrehungen, also 250 Rundumscans. Dabei nehmen sie eine Million Bildpunkte auf. Bei Maximal-Tempo 100 des Messwagens bilden die Rundumscans pro Sekunde mehr als 25 Meter Strecke ab. Die Scanner sind geneigt montiert, um senkrechte Flächen besser detektieren zu können. Aus den immensen Datenmengen werden in Kombination mit synchronen 360-Grad-Farbaufnahmen Punktwolken errechnet, die auch die Umgebung plastisch farbig abbilden und zudem komplett digital vermessen, also in ihrer Lage definiert sind. Neben dem hier relevanten Gleis nebst Oberbau sind auch die Oberleitung und das erweiterte Gleisumfeld erfasst.

Autoren

Axel-Björn Hüper

Senior Advisor und Consultant, Inhaber Infra Bauberatung, Berlin, bis 2010 Vorsitzender der Geschäftsführung und Geschäftsführer Technik der DB ProjektBau GmbH, Bereichsleiter Technik und Beschaffung der Baulichen Anlagen in der Konzernleitung der DB AG, davor in verschiedenen regionalen Funktionen bei der DB AG in Norddeutschland tätig.

Dipl.-Ing. (FH) Hannes Tesch

Seit 2020 Leiter Grundsätze Projektmanagement Oberbau und Ausrüstungstechnik (I.NAP 5) bei der DB Netz AG sowie bereits seit 2018 Programmleitung Oberbausanierung Schnellfahrstrecke 1733 (I.NAPXS), ebenfalls bei der DB Netz AG in Frankfurt am Main.

Dipl.-Ing. (FH) Achim Uhlenhut

Freier Fachjournalist Fahrzeugtechnik, Bahnbau und -betrieb, Dipl.-Ing. Maschinenbau/Fertigungstechnik (FH, 1990) sowie Uni-Studium von Schienenfahrzeugbau, Politik und Geschichte, arbeitet für verschiedene Fachzeitschriften und Unternehmen mit Schwerpunkt öffentlicher Verkehr, Infrastrukturen und Bahnbau, zudem umfangreiches Engagement in der Aufarbeitung der Nahverkehrs- und Regionalgeschichte Hannovers. Übersetzungen Ingenieursprache – allgemeinverständliches Deutsch.

Inserentenverzeichnis

GRI Global Rail Academy and Media GmbH, Leverkusen 56, 65, 95

intermetric GmbH, Stuttgart 64

KRAIBURG STRAIL GmbH & Co. KG, Tittmoning 83

MGW Gleis- und Weichenbau- Gesellschaft mbH & Co. KG, Berlin 81

Plasser & Theurer Export von Bahnbaumaschinen Ges.m.b.H, A-Wien 10

Schweerbau GmbH & Co. KG, Stadthagen 57

SWIETELSKY Baugesellschaft m.b.H., Zweigniederlassung München U2